中国科普大奖图书典藏书系

# 浑沌之旅

刘华杰◎著

长江出版传媒 湖北科学技术出版社

**图书在版编目（C I P）数据**

浑沌之旅/刘华杰著. —武汉：湖北科学技术出版社，2015.12（2018.9重印）
（中国科普大奖图书典藏书系）
ISBN 978-7-5352-8214-9

Ⅰ. ①浑… Ⅱ. ①刘… Ⅲ. ①混沌-普及读物 Ⅳ. ①0415.5-49

中国版本图书馆CIP数据核字（2015）第200664号

HUNDUN ZHI LYU

责任编辑：潭学军　万冰怡　　封面设计：戴昊

出版发行：湖北科学技术出版社　　电话：027-87679468
地　　址：武汉市雄楚大街268号　　邮编：430070
（湖北出版文化城B座13-14层）
网　　址：http://www.hbstp.com.cn

印　　刷：武汉立信邦和彩色印刷有限公司　　邮编：430026

700×1000　1/16　　10.75印张　2插页　138千字
2016年3月第1版　　2018年9月第3次印刷
定价：18.00元

# 总 序
ZONGXU

我热烈祝贺“中国科普大奖图书典藏书系”的出版！“空谈误国，实干兴邦。”习近平同志在参观《复兴之路》展览时讲得多么深刻！本书系的出版，正是科普工作实干的具体体现。

科普工作是一项功在当代、利在千秋的重要事业。1953年，毛泽东同志视察中国科学院紫金山天文台时说：“我们要多向群众介绍科学知识。”1988年，邓小平同志提出“科学技术是第一生产力”，而科学技术研究和科学技术普及是科学技术发展的双翼。1995年，江泽民同志提出在全国实施科教兴国的战略，而科普工作是科教兴国战略的一个重要组成部分。2003年，胡锦涛同志提出的科学发展观则既是科普工作的指导方针，又是科普工作的重要宣传内容；不是科学的发展，实质上就谈不上真正的可持续发展。

科普创作肩负着传播知识、激发兴趣、启迪智慧的重要责任。“科学求真，人文求善”，同时求美，优秀的科普作品不仅能带给人们真、善、美的阅读体验，还能引人深思，激发人们的求知欲、好奇心与创造力，从而提高个人乃至全民的科学文化素质。国民素质是第一国力。教育的宗旨，科普的目的，就是为了提高国民素质。只有全民的综合素质提高了，中国才有可能屹立于世界民族之林，才有可能实现习近平同志最近提出的中华民族的伟大复兴这个中国梦！

新中国成立以来，我国的科普事业经历了1949—1965年的创立与发展阶段；1966—1976年的中断与恢复阶段；1977—

1990 年的恢复与发展阶段；1990—1999 年的繁荣与进步阶段；2000 年至今的创新发展阶段。60 多年过去了，我国的科技水平已达到“可上九天揽月，可下五洋捉鳖”的地步，而伴随着我国社会主义事业日新月异的发展，我国的科普工作也早已是一派蒸蒸日上、欣欣向荣的景象，结出了累累硕果。同时，展望明天，科普工作如同科技工作，任务更加伟大、艰巨，前景更加辉煌、喜人。

“中国科普大奖图书典藏书系”正是在这 60 多年间，我国高水平原创科普作品的一次集中展示，书系中一部部不同时期、不同作者、不同题材、不同风格的优秀科普作品生动地反映出新中国成立以来中国科普创作走过的光辉历程。为了保证书系的高品位和高质量，编委会制定了严格的选编标准和原则：一、获得图书大奖的科普作品、科学文艺作品（包括科幻小说、科学小品、科学童话、科学诗歌、科学传记等）；二、曾经产生很大影响、入选中小学教材的科普作家的作品；三、弘扬科学精神、普及科学知识、传播科学方法，时代精神与人文精神俱佳的优秀科普作品；四、每个作家只选编一部代表作。

在长长的书名和作者名单中，我看到了许多耳熟能详的名字，备感亲切。作者中有许多我国科技界、文化界、教育界的老前辈，其中有些已经过世；也有许多一直为科普事业辛勤耕耘的我的同事或同行；更有许多近年来在科普作品创作中取得突出成绩的后起之秀。在此，向他们致以崇高的敬意！

科普事业需要传承，需要发展，更需要开拓、创新！当今世界的科学技术在飞速发展、日新月异，人们的生活习惯和工作节奏也随着科学技术的进步在迅速变化。新的形势要求科普创作跟上时代的脚步，不断更新、创新。这就需要有更多的有志之士加入到科普创作的队伍中来，只有新的科普创作者不断涌现，新的优秀科普作品层出不穷，我国的科普事业才能继往开来，不断焕发出新的生命力，不断为推动科技发展、为提高国民素质做出更好、更多、更新的贡献。

“中国科普大奖图书典藏书系”承载着新中国成立60多年来科普创作的历史——历史是辉煌的，今天是美好的！未来是更加辉煌、更加美好的。我深信，我国社会各界有志之士一定会共同努力，把我国的科普事业推向新的高度，为全面建成小康社会和实现中华民族的伟大复兴做出我们应有的贡献！“会当凌绝顶，一览众山小”！

中国科学院院士
华中科技大学教授 杨叔子 二〇一二 九、廿八

# 目 录

# 引言：从《侏罗纪公园》说起

我搞的是浑沌理论。但是我发现没有人愿意倾听这门数学理论的意义。它暗示了对人类生活的许多重大意义，其重要性远远超过人人都在喋喋不休地谈论的海森伯原理或哥德尔定理。那些理论事实上学究气十足，是哲学的思考。而浑沌理论却涉及人类的日常生活。

——马尔科姆，《侏罗纪公园》

学地质学的自然熟悉“侏罗纪”是怎么回事。

侏罗纪(Jurassic)取名源于法国与瑞士交界的侏罗山(Jura)。地质历史上的“中生代”有三个纪：三叠纪(用T表示)、侏罗纪(J)和白垩纪(K)。这些时代的地层分别叫作三叠系、侏罗系和白垩系地层。

1988年大学本科最后半年，一个偶然的机会，我选修了黄永念先生为力学系研究生开设的课程“浑沌与稳定性理论”。在北京大学读书有一个好处，你可以随意听你想听的课程，除去外界熟知的喧嚣架子，北大其实是世外桃源。

从首次接触“浑沌”到改行学哲学，又再次听说“侏罗纪”字样，自然亲切。对个人而言，没想到浑沌与地质竟这样不可预测地联系在一起。

1990年美国著名科幻小说家迈克尔·克莱顿(Michael Crichton)又推出一力作《侏罗纪公园》(*Jurassic Park*)。它是一部小说，一部科学幻想小说。但科幻小说与伪科学不同，它运用现代科学，以现代科学为基础，并非常讲究逻辑。作者把轰动科学界十余年之久的浑沌研究热潮艺术化，写进了小说。而且整部作品以浑沌理论为背景和骨架，按照浑沌系统的浑沌运动展开。书中还专门设置了一位颇有见地的浑沌学家——马康姆（Ian Malcolm）。实际上马尔科姆是作者的代言人，这可从作者的名字（“Michael”与“Malcolm”谐音）以及全书所表达的“对初始条件的极端敏感依赖性”思想明显地看出来。



按照小说的描写（实际上也和这差不多），马康姆是新一代数学家中公开对“世界如何运转”这类问题高度着迷的人。他们在几个重要方面和传统数学家决裂。

第一，他们个个都使用计算机，这是传统派数学家们所不齿的。在一些传统数学家看来，应用数学是坏数学，计算数学则是糟糕的数学。

第二，在新兴的所谓浑沌理论领域中，他们毫无例外地运用非线性方程。而传统数学研究的主要是线性数学，如傅立叶变换、线性微分方程、线性代数等等。

第三，他们似乎非常自信地以为，他们的数学描述了真实世界中实际存在的东西和实际发生的过程。

第四，他们的衣着和言谈似乎都为了表明他们正从学术王国走进真实世界。他们本身就是大杂烩，干什么的都有，多大年纪的都有，哪个国家的都有。他们都想走出传统框架。

小说中，马尔科姆对律师简罗（D. Gennaro）是这样解释浑沌理论的：

> 物理学在描述某些问题的行为上取得了巨大的成就：轨道上运转的行星、向月球飞行的飞船、钟摆、弹簧、滚动的球之类的东西的运动，都是物体的规则运动。这些东西用所谓的线性方程描述，数学家想解这些方程是轻而易举的事。几百年来他们干的就是这个。
>
> 可是，还存在着另一类物理学难以描述的行为。例如与湍动

有关的问题：从喷嘴里喷出的水、在机翼上方流动的空气、天气、流过心脏的血液。湍动要用非线性方程来描述。这种方程很难求解——事实上通常是无法解出的。所以物理学从来没有弄通这类事情。直到大约十年前（小说写于1990年），出现了描述这类东西的新理论，即所谓的浑沌理论。

这种理论最早起源于1960年对天气进行计算机模拟的尝试。天气是一个庞大而复杂的系统，它指地球的大气对陆地、太阳所作出的响应。这个庞杂的系统的行为总是令人难以理解，所以我们无法预测天气是很自然的事。但是，较早从事这项研究的人从计算机模拟中明白一点：即使你能理解它，也无法预测它。原因是，此系统的行为对初始条件的变化十分敏感。

人们想不到，这是小说中的文字，它们以通俗的语言向公众解说现代科学，而我们国家非常缺少这些。如今，中央电视台增设《科学探索》节目，真是难得。

马尔科姆又给简罗解释了一通"蝴蝶效应"，简罗插话说："所以说，浑沌状态是随机的？不可预测的？"

"不，"马尔科姆说，"事实上我们从一个系统复杂多变的行为之中，发现了其潜在的规律性。所以浑沌理论才变成一种涉及面极广泛的理论。这种理论可用来研究从股市到暴乱的人群或者癫痫患者的脑电波等许许多多问题，并可以研究处于混乱和不可预测状态的任何复杂系统。我们可以发现其中潜在的规律。"

人们不禁惊诧于作家克莱顿的学识，他作为一个小说家怎么如此精通科学？原来他是搞科学出身的，如今他靠写科幻小说出了名，如果当初他不学科学，没有好的数理根底，后者绝不会出现。这也解释了为什么别人没有写出这样行销全球的好书。

马尔科姆对格兰特（A.Grant）说："浑沌理论告诉我们，从物理学到虚构的小说中的直截了当的线性，我们都视为理所当然，然而它们从来就不存在。线性是一种人为的观察世界的方式。真实生活，不像项链上串着的一粒挨一粒的珠子，构成一件接一件发生着的事件。生活实际上是一连串遭遇，其中某一事件也许会以一种完全不可预测的甚至是破坏的方式改变随后的事件。

“这是关于我们宇宙结构的一个深刻的真理。可是由于某种原因，我们却执意表现得仿佛这不是真的。”

马尔科姆的讲解未必都准确，但基本上是正确的。《侏罗纪公园》作者的用意非常明显，原书每一章不叫“chapter”，而叫“iteration”（迭代），如第五章写作“FIFTH ITERATION”。每章标题下是一幅表示迭代进程（当然也表示小说情节的发展）的分型生成图。再下面是章首引语，都是马尔科姆说的与浑沌理论有关的格言。

《侏罗纪公园》由小说经导演斯皮尔伯格（Steven Spielberg）搬上银幕，获得巨大成功。1993 年 6 月 11 日同名影片在美国公映，一个周末就收入 150 多万美元，创下周末票房最高纪录，到 1994 年初在美国市场的收入就超过 3 亿美元，在日本公映 33 天就已收入 6 600 万美元。后来此片又获多项奥斯卡大奖。

成功是无疑问的。但是，影片中“浑沌理论”的色彩淡化了，马尔科姆成了无足轻重的配角，观众很难从中悟出更多的非线性动力学浑沌“教训”。影片经剪辑变成录像片，经翻译再变成中文字幕片和纯中文片（在这里“chaos”被译成“混乱”），原片原有的一点“浑沌”痕迹荡然无存。这又说明了什么？这是否是商业化过程的规律？

录像片在北京大学校园放映不下 6 次，我问过北京大学许多看过《侏罗纪公园》的同学，竟没有一人知道它原来与浑沌有任何联系！栩栩如生的恐龙以及山雨欲来的遗传工程固然吸引人，但小说《侏罗纪公园》的主要魅力不在此。如果没有浑沌穿线，小说中的所有故事是互不相关的事件。

什么是浑沌？一言难尽。是浑沌太复杂了吗？不仅仅如此。严格说，是因为浑沌一词有太多太多的语义层面，人们在用这个词时，往往同时跨越几个语义层面。说到浑沌，大脑中沉淀已久的文化特质和个人经验，不自觉地被勾起，最终导致哲学上的、宗教上的、神话上的、美学上的以及科学上的东西相互纠缠。你中有我，我中有你；想区分开，又想交联起来。这仿佛真正回到了日常语言的浑沌状态：事物如乱麻一般，彼此交织在一起，朦朦胧胧，恍恍惚惚，其中之规律若有所现，但看不真切。

到此为止，读者不一定弄得清楚浑沌是什么东西，反而可能有另一种感觉："本来我还知道一点浑沌，可现在让你给弄糊涂了，或者说弄乱了，思维更加浑沌了。"那好，我们慢慢道来，即使最终你的头脑中仍然混乱不堪，或者说仍然处于浑沌状态，但是此时的浑沌也明显高于原初自发的、朴素的浑沌。

没有较深的数学基础也无妨，作者力求省略让一些人生厌的公式。书中配置大量图形，也许有助于理解浑沌运动。这样做的好处是，更多的普通人可以知道浑沌是什么东西，坏处是牺牲严格性。不过，作者还是在能力范围之内力求折中矛盾，做到既通俗，又不太油腔滑调。

小说中通过马尔科姆之口谈到了"非线性方程" "湍动" "迭代" "蝴蝶效应" "不可预测性" "计算机模拟" 等等，这也正是本书要讲的东西，所以别指望一开始就理解了所有概念。

克莱顿在写小说时看过美国《纽约时报》科技部主任詹姆斯·格雷克(James Gleick)的名著《浑沌：开创新科学》(Chaos: Making a New Science)，很受启发。顺便一提，此书至少已有三个不同的中译本，写得的确精彩，但外行人看后还是不知道何谓浑沌理论。最近上海远东出版社出版的斯图尔特(Ian Stewart)写的《上帝掷骰子吗？——混沌之数学》(Does God Play Dice? The Mathematics of Chaos)则是一部更好的书，潘涛的译文也优美，大家不妨先读读这部书。

# 第1章　中央之帝为浑沌

起初，神创造诸天和大地，地是空虚浑沌……

——《旧约 · 创世纪》

天地未形，笼罩太一、充塞寰宇者，实为一相，众谓之浑沌。其象未化，无形聚集；为自然之种，杂沓不谐，然燥居于一所。

——奥维德，《变形记》

神话，实际说起来，不是闲来无事的诗词，不是空中楼阁没有目的的倾吐，而是若干且极其重要的文化势力。

——马林诺夫斯基，《原始心理与神话》

神话在精神上超出了物，但在它借以取代物质世界的图型和形象方面，它只是用物质的另一种形式和对物的另一种束缚形式去代替物。

——卡西尔，《神话思维》

## 1.1　世界之初

起初，世上没有人，没有地球，没有太阳，没有太阳系，也没有银河系……甚至没有我们今天谈论的所谓“宇宙”。按照大爆炸宇宙学理论，当今的宇宙起源于原始偶然的，也许又是命中注定的一次大爆炸。

然而好奇心迫使人们追问，大爆炸之前是什么？

是奇点。

奇点之前是什么？是早先一场大爆炸的遗迹。那么遗迹之前……

思维可以不断提问下去，但理性不能准确回答出来，甚至大爆炸理论也有猜测性成分。还有类似的许多问题（诸如鸡和蛋的起源）。我们总得从某一个阶段开始讨论。这个阶段之后和之前可以有限追问，但最好不要无限追问，因为没有人能比你自己更好地回答它们。也就是说，别人所知，绝不会比你自己所知更多一些。是科学彻底无能吗？不是，科学主要关心有限问题，科学是关于“有限现象”的研究，而不是关于“无限本体”的研究，不能因此误解科学。我们因此而依靠哲学吗？高傲的哲学在起源问题上显现了原形——浅陋。

有一天，人类诞生了。究竟是哪一天？没人知道，也不必要知道。但可以肯定：在有限间隔的过去，存在那么一段时间，人类确实出现在大地上了。人在漫长（但却是有限时间）的进化中，发展了智力，有了语言。人们并不知道世界从哪里来，关于世界历史以及周围现存世界的一种自然的叫法可能就是“浑沌”，当然也可以叫作“宇宙”之类。但是，当人的认识水平并不高时，把世界叫作浑沌与叫作宇宙，实在没有什么大的区别。

不过，两者之中微弱的差别被一代一代放大，放大到有牛顿力学，有相对论，有量子力学，有“阿波罗”登月，以及有今天热门的浑沌研究。

在英文中 chaos 与 cosmos 本是一对词语。两者都指称外部世界，前者是浑沌，含有模糊、笼统、混乱的意味；后者是宇宙，含有秩序、规律、条理化的意味。

浑沌，也作混沌（《辞海》将“混沌”作为首选词——编辑注）。有些人喜欢用前者，有些人喜欢用后者。这都无所谓。因《庄子》中用的是“浑沌”，本人愿用前者。学了浑沌学，人们更重视的是实在内容，而不是外表形式。

chaos（浑沌,混乱） → chaology（浑沌论）

cosmos（宇宙,秩序） → cosmology（宇宙论）

在英文中浑沌写作chaos,不但如此,在法文、德文中写法也一样,而且都源于同一个希腊词χαos。当代的浑沌理论起源于国外，chaos一词译成中文时一度译作“紊乱”之类,但很快统一译作“混沌”或“浑沌”了。

浑沌是一个多义的词汇,从科学角度和哲学角度,都有必要研究其语义学(semantics)问题。中国古代有寓意深刻的浑沌故事,浑沌一词语义层面也极为丰富。

## 1.2 中国的太阳神

谈到神话,得先有一个基础。可是,“对于神话学的文字,即使肤浅地涉猎一下,也足知道五花八门,议论分歧”。关于神话思维的诸多论述中,马林诺夫斯基(B.Malinowski)和卡西尔(E.Cassier)的理论比较有说服力。

《山海经》中就记述了浑沌,不过在那里写作“浑敦”。《山海经》第二卷的《西山经》中说:

> 又西三百五十里,曰天山,多金玉,有青雄黄。英水出焉,而西南流注于汤谷。有神焉,基状如黄囊,赤如丹水,六足四翼,浑敦无面目,是识歌舞,实惟帝江也。

这段话的大意是:有一巨大的神鸟,形状像一种渡河用的皮囊,颜色红红的,像炉火一般,它长有六只脚、四只翅膀(参见图1-1)。此神鸟面部未分化,浑沌一片,但它懂得歌舞,实际上是帝江啊。

帝江就是帝鸿,古代“江”字与“鸿”字相通。而帝鸿则是人人都知道的黄帝。也就是说,浑沌就是黄帝。

初听起来,黄帝与浑沌扯到一起有点不自然,实际上自然得很。

说出“书非借不能读也”的清代文学家袁枚，写过一部很有意思的笔记小说《子不语》，也叫《新齐谐》。书中“蛇王”一节写道：

> 楚地有蛇王者，状类帝江，无耳目爪鼻，但有口。其形方如肉柜，浑浑而行，所过处草木尽枯。

此段文字把帝江、蛇（龙）、浑沌联系在一起，颇值得回味。从事考古学和神话学研究的人都熟悉一幅龙（蛇）身伏羲图。袁枚说的蛇王故事是将早先几种传说糅合到一起去的结果。要注意的是，浑沌与帝江有关联。下文的《庄子·应帝王》会进一步加深这一认识。

图 1–1 《山海经》中的浑沌形象。一只长有六只脚、四只翅膀的神鸟，实际上说的是太阳。《山海经》中认为此“浑敦”便是中华民族的始祖——黄帝

回到《山海经》的“浑敦”。由图 1–1 可猜测到，所谓的“浑敦”只能是太阳。只有太阳具备所描述的特征：红彤彤的，穿行于云层，宛如一只神鸟。至于六足四翼中的六与四，都是概数，并有“仿生”的味道。从观念上看，对于古人而言，太阳的作用太大了，对今人也差不多，太阳简直就是神，即太阳神。古代人把传说中我们民族的始祖——黄帝——视为太阳神，威力无边，光芒照耀，似乎是极合适的。



## 1.3 浑沌之道

中国人一提到浑沌，极容易想到庄子的浑沌寓言故事。中国科学院院士、理论物理所研究员、著名浑沌学家郝柏林先生 1984 年在新加坡“世界科学出版公司”出版了一部叫作《浑沌》的名著，书的扉页上引用了《庄子》

中的一句话："The Emperor of the Central Region was called Hun-tun( Chaos )."（中央之帝为浑沌）

1989年布里格斯(J. Briggs)和皮特(F. D. Peat)著《湍鉴——浑沌理论与整体性科学导引》(*Turbulent Mirror: An Illustrated Guide to Chaos Theory and the Science of Wholeness*)，在第一章的章首大段引用《庄子》的浑沌故事［采用的是华生(B. Watson)的英译本］。看来，今日的浑沌学家还很推崇庄子的见解。

庄子是道行甚高的人生哲学大师，读《庄子》简直就是智慧的训练。《庄子》内篇最后一篇为《应帝王》，按陈鼓应的说法，《应帝王》篇主旨在说为政当无治。"本篇表达了庄子无治主义的思想，主张为政之道，毋庸干涉，当顺人性之自然，以百姓的意志为意志。"浑沌故事就出在最后一小节：

> 南海之帝为倏，北海之帝为忽，中央之帝为浑沌。倏与忽时相与遇于浑沌之地，浑沌待之甚善。倏与忽谋报浑沌之德，曰："人皆有七窍，以视听食息，此独无有，尝试凿之。"日凿一窍，七日而浑沌死。

陈鼓应说："庄子目击战国时代的惨景，运用高度的艺术手笔描绘浑沌之死以喻'有为'之政给人民带来的灾害。"这仅仅是一种可能的解释，《庄子》妙就妙在原文可作多种诠释，可启发出多种哲学的、美学的以及科学的见解。当然，由此启发得到的东西未必与原文有任何必然联系。据崔大华的理解，《应帝王》的"浑沌"大致有三类解释：

1)以自然之现象解；

2)以人之现象解；

3)以历史之现象解。

根据《庄子集解》的解析，南海是显明之方，故以倏为有；北海是幽暗之域，故以忽为无；中央既非北非南，故以浑沌为非无非有者也。

倏：喻有象也；忽：喻无形也；浑沌：无孔窍也，比喻自然。倏、忽取神速为名，浑沌以合和为貌。有无二心，会于非无非有之境，和二偏之心执为一中志，故云待之甚善也。倏、忽二帝，犹怀偏滞，未能和会，尚起学心，妄嫌浑沌之无心，而谓穿凿之有益也。

不顺自然，强开耳目，乖浑沌之至淳，顺有无之取舍，是以不终天年，中途夭折，应了老话：为者败之。

这里的"为"需要特别说明，道家关于"为"的态度几乎是矛盾的，老子明确说过反对"为"，庄子似乎灵活多了，庄子对"为"的看法是：①不反对"为"；②但从不主张"为"；③庄子主张"循道而行"、顺乎自然，守"道"，不是守雌、居下，更不是守雄、居上；④在人生观上，主张安"命"，把握好"命"，"命"亦"道"，一般的"命"体现在具体的"事之变"中。庄子很晓得一般与个别的关系。

蔡明田在《论庄子的浑沌寓言》一文中提出"三境界说"，一反通常的认

图 1-2 蔡志忠根据《庄子·应帝王》所画的"浑沌之死"漫画。总的说来，蔡志忠的系列漫画获得极大的成功，形成了一个独具特色的画派，同时有力地弘扬了中华传统文化。但蔡先生所画的"浑沌"似乎不令人满意，它使人失去了丰富的想象力。读者的感觉如何呢？

识，置浑沌于三境界中的最低境界；认为浑沌是初度和谐，是原始无知无识。倏、忽二帝为浑沌开窍，象征了第一境界向第二境界转化，最终庄子主张达到二度和谐的第三境界。第一境界与第三境界只是形似，而神（质）迥异。蔡又做一比喻：第一境界为空瓶，第二境界为半瓶水，第三境界为满瓶。前者空无一物，后者充实圆满。

此说貌似合理，实质上是"以儒解道"，大谬矣！陈鼓应虽未展开阐述浑沌神话的意义，但所言从社会历史角度看十分正确。实际上，在庄子看来，"道"就是浑沌，"浑沌"也就是道。"道"是道家学说的最高境界，同样"浑沌"也是道家学说的最高境界。



道家尊崇黄帝，黄帝是五帝中的"中央之帝"。把"中央之帝"浑沌贬为三境界中的最低等级，是违背道家学说的。《应帝王》处于庄子内篇之末，而不是之首，明显带有总结性质，而不是导言性质。蔡文说："设若浑沌未死，则所谓逍遥游、齐物论、养生主、人间世、德充符、大宗师、应帝王也者，都只是空语，毫无半点意义。"可以看出，蔡颠倒了三个境界，也同样颠倒了庄子内篇的顺序。蔡氏更有言："庄子之学乃内圣外王之学"，用此语概括儒家不错，概括道家恐怕失准。

《庄子·天地》中说，黄帝丢了"玄珠"，让"知"去找没有找见，让"离"去找也没找到，让"契诟"再去寻还是未找到，于是就让"象罔"去找，结果"象罔"找到了！这里表达的思想与《应帝王》的浑沌故事十分类似。其实"象罔"等于"浑沌"，"知""离""契诟"等相当于"倏""忽"。

郭象注《庄子·在宥》时说："浑沌无知而任其自复，乃能终身不离其本也。"这话同样能很好地描述奇怪吸引子上的浑沌运动！这是后话。

有的人会说："不管找出怎样的证据，我还是难以接受黄帝是浑沌的见解。"实际上，我们常说的黄帝未必是一个具体的人间的人物，更可能是"神话历史化"过程中人为造出的英雄。正如庞朴所言："最妥当的办法，是承认有那么一个时代，叫作黄帝时代，或叫作混沌时代，这倒是有根据的。"庞朴还有另一段说在点子上的话：

> 黄帝就是混沌，黄帝被认为是中华民族的始祖。而混沌则是宇宙生成、哲学架构的开始。因此，说中华文明始于黄帝，便具有了新的意境。

庞朴上述两段关于浑沌的论述恰好表达了两种思维方式，前者是科学的，后者是人文的。按照科学，黄帝只是个代号，其存在性值得怀疑；按照人文，黄帝是民族的始祖，必不可少。这便是科学与人文的区别，但同时我们也看到了两者的结合。本书也将谈两个方面。只说一方面的浑沌，不是太枯燥，就是太虚渺，两者有机结合，便是文理交叉，浑沌便有了坚实而广阔的解释空间。

需要说明的一点是，道家的浑沌之“道”，实际上只是一种理想而已，根本无法实现。我们所理解的“道”是事物所遵循的法则，是支配事物发生、发展、变化的背后的规律。这种道是可以认识的，且永远不会穷尽。

道家思想明显有怀念上古社会的倾向，觉得今不如昔、一代不如一代。这也不一定是中国文化独具的性质，奥维德（P. Ovidius）在《变形记》（*Metamorphosis*）中也鼓吹过上古“黄金时代”。不过，中国文化的“恋古情结”实在太严重。儒家上溯到等级森严的西周封建制就满足了，程度不及道家，道家却要回溯到平等的、无知无识的原始集体社会——浑沌社会。

我们在《浑沌学纵横论》一书中讲述了日本物理学家汤川秀树受《庄子》中浑沌神话启发的有趣经过。他说：“最近我又发现了庄子寓言的一种新的魅力。我通过把倏和忽看成某种类似基本粒子的东西而自得其乐。”汤川还讲：“可以把浑沌的无序状态看成把基本粒子包裹起来的时间和空间。”无疑，《庄子》中的浑沌寓言对汤川创立基本粒子理论有重要作用。不过，寓言归寓言，启示归启示，科学归科学，不能混淆。

后面要提到，现在的非线性动力学中的浑沌虽然也有社会哲学方面的启示意义，但它首先是数理科学理论，这种浑沌有明确的限定词，如“确定性系统产生的”“一种非周期的行为”“对初始条件具有敏感依赖性”等等。

# 第2章　爱丽丝请教矮梯胖梯

罗马思想接受了希腊语词，却没有继承相应的同源的希腊语词所说出的体验，没有继承希腊的言语。

——海德格尔，《诗·语言·思》

"告诉我，你叫什么名字，来这干吗？"

"我的名字叫爱丽丝，不过……"

矮梯胖梯不耐烦地打断她，"这个名字乏味得很！有什么含义吗？"

"名字都有含义吗？"爱丽丝十分怀疑。

矮梯胖梯嘿嘿一笑，说："当然要有。我的名字就是形容我的体态的，一听就知道我富态。你起那样一个名字，长成什么样，大概都可以。"

——卡罗尔，《爱丽丝镜中奇遇记》

## 2.1　浑沌语义万花筒

浑沌是什么？"浑沌"首先是一个"词"。那么它所表达的"物"或"过程"是什么？

这很复杂，要慢慢道来。我们将通过爱丽丝(Alice)的童话讲述。

卡西尔在《神话思维》中一针见血地道破"词"与"物"的关系，他说："语言世界，如同它镶嵌于其中的神话世界，起初保持着词与物、‘表象者’与‘被表象者’的完全等价。随着它的独立精神形式、逻各斯的独特力量的出现，语言逐渐摆脱这种等价关系，与所有纯物质性存在和物质力量截然不同，词表现出自己的特性，表现出它的纯粹观念性的、表征的功能。”

小女孩爱丽丝慢慢走向一个圆圆的家伙——矮梯胖梯(Humpty Dumpty)，不由自主地说出：“他的样子可真像鸡蛋！”

矮梯胖梯听别人称他为鸡蛋，老大不高兴。不过，当发现爱丽丝并不十分讨厌时，还是与她搭上了话，于是有了上面的对话。

在《爱丽丝镜中奇遇记》(*Through the Looking-Glass*)中，矮梯胖梯成功地解说了一首称作《杰伯沃基》(*Jabberwocky*)的怪诗，爱丽丝为此竟原谅了他的长相，不由得敬佩起他来。

岁月流逝，童话依旧。爱丽丝虽多了些见识，个头还是那样，模样也未变。

爱丽丝关心语言问题，特别愿意挑刺儿、刨根问底。最近十多年，她到处听别人谈起浑沌，可是始终弄不清楚是什么意思，决心请教矮梯胖梯。她心想，他连“杰伯沃基”都能解释清楚，准能说清楚“浑沌”。

爱：一提“浑沌”，我一下子就想起“馄饨”，不过……

矮：你的意思是说，不要怪你太馋。

爱：就这个意思，你真是善解人意。你能讲清楚“浑沌”吗？它与“馄饨”果真有关系吗？劳伦斯D. H. Lawrence)用过“chaos”这个词吗？还有，“浑沌”的意义和指称如何界说？还有……

矮：够了！你别把我也弄浑沌了。

爱：对！你刚才说什么来着？

矮：我刚才警告你别把我也搅糊涂了。

爱：那你的意思是说“浑沌=糊涂”？

矮：不能简单地这样下断语。我倒希望从头仔细给你讲讲，你的悟性还不太糟，听不懂也没关系，反正我不指望你真的理解“浑沌”。

图 2-1　李建华女士 1992 年为《中国日报》绘的一幅漫画，北京大学浑沌专家朱照宣教授为漫画题词“教授不讲混沌卖馄饨”。感谢李建华同意在这里引用此画

爱：那就开始吧。先说“馄饨”。

矮：唐代段公路《北户录 · 食目》提到“浑沌饼”，就是“馄饨”。颜之推云：“今之馄饨，形如偃月，天下通食也。”宋代程大昌《演繁露》云：“世言馄饨是虏中浑氏与屯氏为之……则其来久矣，非谓出胡虏也。”

几年前有一篇小文章，提到过人们容易把混沌（浑沌）与馄饨闹混，大意是：“给外行讲混沌，在开始几分钟内，听者总以为你在讲馄饨！细想一下，这两个词还真有联系。馄饨之所以叫馄饨，也许正是因为这种面食包法随意，并带汤混合食用，与饺子不同吧！不过，混沌目前只能当精神食粮充饥，靠它满口福、赚钱还办不到。”

爱：有点儿道理。我只知道广东叫馄饨为“云吞”，四川叫“抄手”，湖北叫“水饺”。

矮：郑逸梅著《艺林散叶荟编》第 3501 条中说：“杨宪益谓氐族制一皮囊以渡河，称为浑脱，因此戴一皮囊相似之冠起舞。至于食品中之馄饨，无非浑脱之异译，谓其煮熟浮于沸汤中，仿佛皮囊也。朱大可却斥其说，谓馄饨乃混沌二字转变而来。”

庞朴先生也说：“黄河上游，至今仍有驾牛皮囊渡河的事；囊名浑脱、混沌。”

清代余庆远《维西见闻记》中说：“馄饨，即《元史》所载革囊也。不去毛趸(dǔn)剥[公]羊皮，扎三足，一足嘘气其中，令饱胀，扎之，骑以渡水，本蒙古渡水之法，曰皮馄饨。”请再看《山海经》中的“浑敦”图，这个形象也可以解释为“个大馅多”的饺子，也可以解释为渡河用的皮囊。

爱：这样，那张图就有三种说法，即太阳、饺子、皮囊，也许不必当真。

如今浑沌研究很是热闹，说不定有朝一日，靠“浑沌”也可以糊口，甚至赚大钱。已有模糊控制器，想必也有浑沌控制器。

图2–2 爱丽丝与矮梯胖梯交谈。此图选自《爱丽丝镜中奇遇记》一书。这次他们谈的不是镜中的怪诗《杰伯沃基》，而是浑沌复杂的语义学问题，如浑沌的意义与指称。爱丽丝曾说矮梯胖梯像“鸡蛋”——浑沌。陈立夫译李约瑟《中国古代科学思想史》中有“浑沌乾坤放口中，无皮无肉又无毛”字句

矮：将来有这种可能。目前还不容乐观，浑沌研究者仍然不得不低三下四地申请一点可怜兮兮的经费。非线性科学“攀登项目”也不过几个钱。这是后话，暂免。

爱：能具体讲讲浑沌的语义学吗？

矮：形象地说，每一个含义丰富的词语都形成一个边界模糊的“语义场”。

爱：请说清楚一些，这“场”是客观存在的，还是语言学家主观构造的？

矮：应该是前者，至少我这样看。当然在实际问题中，两种成分都有。词语的使用者、研究者每每从自己独特的视角“观照”某一个“语义场”，由于自身知识结构、文化背景以及当时的心理状态不同，“观照”后产生的结果也就不完全一致，有时相差很大，甚至根本相悖。以“浑沌”为例……

爱：暂停。这种“语义场”到底有没有，鬼才知道，当然赋予其“实在论”的解释是方便的。我总是担心人们随便造出太多的实体，而实际上全是虚构。还是别提什么“场”，“场”这个词容易让我想起中国拙劣的伪科学。

矮：以“浑沌”为例，此词的含义，即语词义项，或者语义层面……

爱：你这人怎么颠三倒四的，快直说吧。

矮：我是怕你听不懂嘛。其实也很简单，比如“浑沌”一词，在不同时代，比如先秦、唐朝、宋朝、民国、20世纪70年代前、20世纪80年代后，是不同的。其语义时而收缩，时而扩展。

爱：如此说来，根本就没有一个固定不变的，对任何人都具有公共性的“浑沌”概念？

矮：是这样，但话不能说过头。如果是简单地堆积和拆散，一点必然联系也没有，也就不会有一个统一的——至少感觉上是统一的“浑沌”称谓了。让你先了解凌乱的一面也许有好处。不但历史上不同时期所讲的“浑沌”各不相同，当代人讲的浑沌也不相同。比如搞文学的、研究古代文化的、家庭主妇、科学家，各讲各的浑沌。即使科学家，也是赤橙黄绿。数学家、物理学家、生物学家、计算机科学家以及工程技术人员所理解的浑沌，也不全相同。

爱：看来，人们能谈论“浑沌”，本身就是一个奇迹。我看过丛维熙的《走向混沌》，“混沌”好像指价值扭曲、社会混杂、人性异化导致的一种说不清道不明、无可奈何的空虚状态。普里高津（I.Prigogine）写的《从混沌到有序》（*Order Out of Chaos*）中的浑沌基本上指“热力学平衡态”，一种结构丧失、趋于各向同性的终了状态。听说控制论（Cybernetics）的创始人维纳（N. Wiener）还有一套浑沌概念，如“一维浑沌”“纯浑沌”“多项式浑沌”等。

我喜欢收集“浑沌（混沌）”的各种用法。这不，徐志摩在《我过的端阳节》中是这样用的：“纵容内心的浑沌，一片暗黄，一片茶清，一片墨绿，影片似的在倦绝的眼膜上扯过。”

冰心在《寄给父亲》中这样用过：“我神志很明，却又混沌，一切感想都不起，只停在‘臣门如市，臣心如水’的状态之中。”

《红高粱》中写道：“天地混沌，景物影影绰绰，队伍的杂沓脚步声已响出很远。”

古尔德（J. Gould）所著《罪恶》（*Sins*）一书有这样一句话：“It is difficult to trace the events and people in a time of chaos.”

《怀疑的调查者》（*Skeptical Inquirer*）杂志1995年1期报导1994年“伊格诺贝尔奖”（Ig Nobel Prize）授奖情况时写道：“L. Ron Hubbard（休伯特，《戴尼提》的作者），science-fiction author and founder of a religious empire known as Scientology, was awarded the Ig Nobel Prize in Literature October 6 in a traditionally chaotic ceremony at the Massachusetts Institute of Technology.”

劳伦斯在《阳光》（*Sun*）一文中说：“At that moment the sea seemed to heave like the serpent of chaos that has lived for ever.”在这里，“浑沌”与“蛇”“妖怪”联系起来。

矮：停！这么说，你还读过一些东西。这太好了，否则我还犯愁怎样向你普及“浑沌”一词的常识用法呢。

喂，你看过《水浒》吗？

爱：当然，那时我还小。

矮：现在你也不大。《水浒》中潘金莲三次骂武大郎“混沌”。

爱：没注意这个。说说看。

矮：武松形容哥哥武大“为人质朴”，最多是“懦弱”。潘金莲则称武大“三分像人，七分似鬼”“身材短矮……不会风流”“糊突桶”“浊物”。清河县人称武大为“三寸丁谷树皮”。

爱：潘是怎样用“混沌”的？

矮：共有三次。

(1)那妇人道：“混沌魍魉，他(指武松)来调戏我，倒不吃别人笑。你要便自和他道话，我却做不得这样的人。你还了我一纸休书来，你自留他便了。”武大哪敢再开口。

(2)指着武大便骂道：“你这个腌臜混沌！有甚么言语，在外人处说来，欺负老娘！我是一个不戴头巾男子汉，叮叮当当响的婆娘！拳头上立得人，胳膊上走得马，人面上行得人……”

(3)指着武大脸上骂道：“混沌浊物，我倒不曾见日头在半天里，便把着丧门关了，也须吃别人道我家怎地禁鬼！听你那兄弟鸟嘴，也不怕别人笑耻。”

可见“混沌”意思复杂，在这里，几种人的说法都与混沌有关，“混沌”亦具有种种或褒或贬的方面——语义平面。

爱：潘金莲可真够辣的！从这三骂看，“混沌”简直等同于“窝囊”。

矮：“浑沌”一词作“愚昧、冥顽”解的这种用法最早见于《左传·文十八年》：“昔帝鸿氏有不才子，掩义隐贼，好行凶德，丑类恶物……天下之民，谓之浑敦。”《史记·五帝纪》将“浑敦”写作“浑沌”。

东方朔所著《神异经·西荒经》中说：“昆仑西有兽焉，其状如犬，长毛四足。两目而不见，两耳而不闻，有腹而无脏，有肠直而不旋，食物径过。人有德行而往抵触之，人有凶德而往依凭之，天使其然，名为浑沌。”

据说，今天的“混蛋”一词，就是由这一线路演变来的。

爱：你的形状……对不起，像蛋……但不是。真是不好意思。

矮：没关系。

爱:(自知人前揭短,赶紧转移话题)"浑沌"的这一用法现在似乎很少见了,大概是"语义收缩"的表现吧。浑沌(混沌)作"天地未开辟以前之元气状态"解,至今影响甚大。

《易乾凿度》说:"太易者,未见气也。太初者,气之始也。太始者,形之似也。太素者,质之始也,气似质具而未相离,谓之混沌。"郝柏林还把此句引在他所校对的《混沌——开创新科学》一书"校者序"中。还有其他例证。

《淮南子·诠言》:"洞同天地,浑沌为朴。未造而成物,谓之太一。"

王充所书《论衡·谈天》:"说易者曰:'元气未分,浑沌为一。'"

矮:没想到你爱丽丝还是"中国通"。事实上,浑沌一词并不神秘,浑沌(混沌)在汉语中有多种变音,如昆仑、馄饨、糊涂、囫囵、温敦、混蛋、葫芦等,其意义(meaning)也差不多。

若是这样扯下去,一天也说不完。我们应当概括一下了。

爱:我试着说。浑沌语义有三个层面:

(1)古代哲学与神话层面;

(2)文学与日常语言层面;

(3)数学与自然科学层面。

矮:很好。第三个层面还应再具体划分出两个层面。

(1)一般科学层面;

(2)非线性动力学层面。

## 2.2 "语言恶习"与浑沌

爱丽丝已经学会通过请教、讨论学到更多知识,接下去她想了解"浑沌"一词的指称(reference)问题。指称研究实在太重要了,在20世纪生活的人,如果从未考虑过语词的指称,一定是一个不善动脑筋的人。

你可能不止一次看到影坛"巨片"之说,但何谓巨片?耗资多之巨,影响大之巨，放映时间久之巨？

人类每天都创出成打成打的新词，同时又不断修正已有词汇的语义内容。昔日偶然出现的词语，如今通行于世界。爱丽丝对此当然深有体会。这回讨论指称，爱丽丝有先发制人之势。

爱：矮梯胖梯，听你说，名字都要有含义。反过来讲，先有了名字，那么名字一定要有所指的对象吗？

矮：初听起来似乎是当然。难道一个"词"能没有"指称"吗？

爱：请看"金山""天马"及"红"(redness)这样的词。

矮：你所找的词都太特别，"金山"与"天马"当然谁也没见过。作为名词的"红"，我说不清有没有。

爱：也就是说它们并不存在，即没有指称，世界上从来没有过真正的"金山"和"天马"。

矮：但人们多少世纪以来，时常谈到它们，而且绘声绘色。这如何解释？

爱：一个词没有指称，并不意味着它没有意义。

矮：你说的"意义"对应于英文什么词，是"meaning"还是"significance"？

爱：两者都有，首先是前者。

矮：说到"金山"时，大概每个人脑子里都明白是什么意思，甚至可以想见黄灿灿的金子堆成了堆……

爱：头脑中的图像大概可叫作"意象"(image)。它是比意义更靠不住的东西，张三的意象与李四的意象就可以不一样。

最近重读罗宾斯(R. H. Robins)的书，他的一段话值得摘录：

"在语义学中，由于话语的意义可以跟说话人实际的和潜在的整个经验世界相联系，所以它对于语言学以外的学科的依赖，以及对于全部所谓常识的非科学认识的依赖，在理论上说，是无限的。"

比如说到"浑沌"，谁知道听众都得出怎样的意象！

矮：这么说，我们除了解"浑沌"语义外，还真得仔细考察"浑沌"的指称问题了，否则说的一大套，到头来死无对证！

爱:也没必要这样大惊小怪。我们不是早已习惯于使用一系列没有指称的东西了吗？如“上帝”“天使”。美国普通语义学派代表人物切斯(S. Chase)讲“语词暴政”和“语言恶习”,虽有深刻之处,不免过火了。“词”与“物”虽然不同,“抽象名词”虽然不能随便使用,但人是用语言思维的。人不但要指称实在,还要描述、传达事件和过程。只要这样做,就少不了用许多“没有依托”的词语。

矮:在理。细想一下,我们每日都在用指称不明确的词语。就说球队吧,如“AC米兰队”。它的队员经常替换,有的退役了,也有人又来了,还有从别国引进的;教练也可能更换了;后台企业支撑也可能变了。但人们仍然习惯于叫它“AC米兰队”,这又有什么理由呢？仅仅是因为连续变易吗?

再说“北京大学”。北大校长换了一个又一个,学生每四年大换血一次。是什么始终配得上“北京大学”这个名字？是几个名教授,几亩还算漂亮的校园,北大“方正集团”,抑或只是未名湖和博雅塔？似乎都不是,又都是。是有是的道理,不是有不是的理由。也许哪些算哪些不算,涉及对北京大学的认同以及“211工程”规划的制订。

爱:滥用抽象名词的害处也是有目共睹的。如“存在主义”“后现代主义”。更甚者在政治领域:“黑帮”“走资派”“左派”“社会民主党”“保守党”“资产阶级走狗”……有些人叫得很起劲,但问一下其指称如何,恐怕说不清楚。大家可能注意到了,所谓“政治学”通常是由这些乱七八糟的词语构成的。它们是些可做任何解释、指称极为模糊的代号而已。然而人类社会需要它们,当然政客更需要它们。

矮:命名涉及共相与殊相、一般与个别的问题。对于指称,最好不要轻易说“有”,还是“没有”。

爱:我反对妥协。我听到柏拉图把“非存在”作为“实在”大谈特谈,直感到恶心。

矮:这是你不了解哲学。

爱:我不想争论这件事。

矮：那好。我问你两个问题：①圆是否存在？②鱼是否存在？我并不指望你马上回答，你可以思考一辈子。

爱：趁我还年轻，考虑一下无妨。不过，你的暗示似乎是，这是永远无法真正回答的问题。

矮：是这样。换一个角度看，也许是问题本身就提错了。有空了解一点柯日布斯基（A. H. S. Korzybski）为"保护个人不上当受骗和自欺欺人"而提出的"三条原理"，不会有坏处。

爱：很有趣，能简单介绍一下吗？

矮：简言之，柯氏的意思是，要掌握语言的特点，不要误将抽象名词当成实在，"鱼"不等于"草鱼"，也不等于"实在的鱼"。这里不可能讲柯氏的理论，只举一例。

他的第二条原理说，一物有无数侧面，非言语所能穷尽，"一物无论说它是什么，它都不是"。

爱：我们能否把上面说的东西用于"浑沌"概念呢？

矮：正是这个意思。

爱：大家说浑沌的时候，可能没有指称，可能有不同的指称；另外，当大家说别的东西时，叫法不同，指称却可能是一样的。

矮：太对了。我想并没有多少人明白这些或关心这些。

爱：古人可能用"浑沌"指称"整个世界"，也可能只指称"滔滔洪水"。在古人那里，至少他们认为浑沌是有指称的，实实在在的。

矮：近代则不同，受唯物理论和科学思潮的影响，人们虽然仍然谈论浑沌，但多数人认为它并没有指称，仅仅是一种描述性词汇罢了。在力学世界中，从机械论哲学看，宇宙是一架大机器，服从普适的定律。在必然性与偶然性这一对范畴中，偶然性只是配角，原则上看，根本就没有偶然性，一切都安排好了。表面混杂的事物和过程，背后一定有确定性的规则，即使找不到，也没关系，没有人会怀疑。

爱：但是后来情况变了。热力学首先揭示出，由于熵增加，系统可能趋于混乱。于是有了“熵浑沌”。但人们对热力学第二定律的解释有不同的看法,这种浑沌是否具有“本体”的地位,还难下断言。

矮:正如大家看到的,20 世纪后半叶,自组织理论和非线性科学彻底改变了人们的世界观后,人们再次发现了浑沌的本体地位。人类又回到了希腊赫西奥德(Hesiodos)的时代。人类历史在螺旋式前进!现在移动了一个螺距,花费了 2 000 多年。

爱:是否有可能沿螺旋轴向,直接迈出一个螺距?

矮:不可能。即使主观上如此,客观上也是螺旋线运动。

爱:为什么?

矮:如向月球发射宇宙飞船一样,目标是直接飞向月亮,实际上飞船要在地球轨道上绕几圈,然后进入月球轨道,再逐步降落到月面。

爱:我想,现在若别人问我“有没有浑沌”时,我不会轻易说话了。

矮:沉默或者暧昧又会给人以糊涂——浑沌——的感觉!

爱:那怎么办?

矮:你别提什么哲学,只讲你的非线性动力学浑沌。

爱:通过刚才的讨论,我似乎感觉到,这也不成。目前非线性动力学是一个范围既广阔又活跃的领域,数学家、物理学家、化学家、工程师以及经济学家都进来了,他们说的浑沌也千奇百怪。我倒是想用语义学的方法来分析科学的浑沌概念,将它们划分清楚。

矮:好主意。你成熟了,祝你成功!我只是提醒你,不要指望人人都能理解。

# 第3章　与天气斗法

浑沌的发现是由许多人作出的，人多得在此无法列举。它由三个独立进展的合取造成。首先是科学焦点的变化，从简单模式（如重复循环）趋向于较复杂的类型。其次是计算机，它使得方便迅速地找到动力学方程的近似解成为可能。第三个是关于动力学的一种新的数学观点，一种几何观点，而非数值观点。第一个进展提供动机，第二个提供技术，第三个提供知性认识。

——斯图尔特，《自然之数》

## 3.1　气象浑沌

宋代文学评论家严羽在《沧浪诗话》中写过："汉魏古诗，气象混沌，难以句摘。"这大概是较早用到"气象浑（混）沌"的例子。但是，这里的"气象"不是现在人们通常理解的"气象"。它指文学作品所表现出的整体气势和氛围。严羽的观点倾向于汉魏古诗，贬低后来的诗作。从局部看，当然有道理，如果任意扩展，则不免落入今不如昔、上古最妙的老一套文化复古思路。

"气象浑沌"就是佳作吗？当然不。但不少文人似乎有这种偏好，杜甫也有"神动接混茫"和"篇终接混茫"的诗句。混茫，犹混沌。《庄子·缮性》

云:“古之人,在混芒之中,与一世而得澹漠焉。”《抱朴子·诘鲍》:“夫混茫以无名为贵,群生以得意为欢。”

1992年10月有机会去了五台山南山寺,寺门口照壁上写着署名“愚居士”的文字:

> 当初以来,混元一气,天气回覆,日月光明,
> 分形变化,大道虚空,万籁圣人,性中觉灵,
> 迷悟解决,善德无穷,悬机高钓,老主无生。

短短48字,却道出了宇宙演化和人生哲学。我们感兴趣的则是其中的“浑沌”观点和“分形”用词!

不过,这里“分形”与现代用法几乎没有任何联系,仅仅出于对人文的好奇,当时一伙人催促记下来。芒德勃罗(B. B. Mandelbrot)意义上的“分形”(fractal)最早也是20世纪70年代中期的事了,而且原来本没有fractal一词,此词译成汉语时一度译作“碎形”之类,后来在大陆很快统一为“分形”。

不管怎么说,“气象浑沌”与“分形变化”还是令人沉思遐想的。

## 3.2 计算出来的天气

天气变化是地球上的一种普通的自然现象。普通百姓在长期生产实践中已总结出一些规律,如:“早霞雨,晚霞晴”“燕子低飞蛇过道,瓢泼大雨要来到”“天上勾勾云,地下雨淋淋”等。但这并不是系统化的科学预测。

从牛顿力学以来,特别是流体力学和计算机科学以来,气象研究已有长足进步。很早人们就希望机器参与天气预报,因为天气预报所涉及的数据量太大,运算很复杂。为了预报明天的天气,一伙人(如20人)不断地算啊算,可能要算170个小时,即7天后才能知道结果。显然这种预报没有

前瞻意义，只有检验算法的意义。早期用手算，后来用手摇机械计算机算，再后来用电子管计算机、晶体管计算机等等。没有计算机、没有计算机网络通信，就没有现代意义上的天气预报。新中国成立初期，我国气象通信采用无线莫尔斯广播方式，以每分钟120~130个字码的速度拍发电报信号传送气象数据。到了20世纪80年代，国内自己研制了大型计算机并引进了专用气象通信网络，国家气象中心每天信息吞吐量达5 000万字节(bytes)，能够及时准确地处理和传送气象雷达、卫星云图和数值预报数据。现在，利用中国自己研制的银河-Ⅱ号巨型计算机，做全国范围的一次中期天气预报，需要计算1小时零9分。在与天气“赛跑”中，人们已经能够跑在天气前头了，但是，稍不留神，也会反过来。

而今，天气预报是人们日常生活中都熟悉的事情，广播、电视每日都在黄金时间播出天气预报节目。虽然有时讲得也不准，但给人们的印象是，天气预报还是有用的，大部分情况下说得较准。你可能也有不满意的时候，比如播音员说：“今日晴转多云，有时阴，局部地方有小到中雨，部分地区有大到暴雨，温度小于50 ℃大于-3 ℃，风力一二级转三四级，有时七八级。”

当然，这说得太夸张了。但类似的预报确实有，有时不一定是故意的。这使人想起江湖算命先生。算命先生察言观色、巧用语言，再加上主观诱导，准确率达到七八成大概没问题。但搞天气预报最终不是为了骗人。在现代社会，天气预报已成为保证国民经济健康发展、防灾减灾的一个重要行当，国家设有“国家气象局”，地方设有各类气象台站。天气预报常常采用最先进的科技手段，如气象卫星、航空探测、地面测量、国际气象数据交流、超大规模计算机数据处理等等。

正是因为有了这些现代化装备，天气预报才达到现在的准确程度。然而即使如此，仍然没有人敢说，天气预报百分之百准确。我们时常见识过，预报明天有中雨，你出门事先带了一把伞，但那天十分晴朗；有时预报明天风和日丽，结果却下了雷阵雨。是气象部门马马虎虎吗？绝对不是，实际上是他们无能为力，他们也说不出来究竟为什么实际天气竟会那样。

1987年10月15日，星期四，英国广播公司（BBC）播音员迈克尔·费斯（Michael Fish）刚刚播报："最近不会有飓风。"可是几个小时以后，英格兰南部刮起了一场毁灭性的飓风，受害区损失惨重。这是英国自1703年以来遭受到的最严重的暴风，也就是说，285年未见的特大异常天气气象部门竟并没有预报出来。

费斯立时变得臭名昭著，听众纷纷打电话责骂他。

费斯当然是替罪羊，但谁是罪魁呢？10月19日英国《卫报》发表了题为《敌不过天气的计算机》的文章。是欧洲中长期天气预报中心失职？

顾名思义，欧洲中长期天气预报中心只负责中长期预报。那么就是短期预报部门失职了？确实，气象部门甚至在提前24小时的通告中也没有说有暴风。但责任不全在人，也不全在超级计算机"赛伯205"。在那种气候多变的时节，每做一项预报都要反复讨论，并不是一个人或几个人说了算。

天气预报自冯·诺伊曼（J. Von Neumann）时起就采用计算机，所用数据量越来越大，机器设备也越来越先进，预测模型包含几百个甚至上万个方程。如今的天气预报叫作数值天气预报，实际上是计算机与大自然在较量。计算机只是按照物理学原理和程序在高速运算，它本身并无可指责。

问题出在哪里呢？人们找了各种原因，如计算精度不够、采样间距太大、模型太简单等等。这的确是实实在在的理由。计算精度不够，当然影响计算结果，所以要不断改进计算。地球表面布满了温度、气压、湿度、风速等物理量采样点，说"布满了"只是极近似的说法，充其量不过200平方千米、100平方千米设置一个点。无疑，按照百姓常识看法，暂不考虑费用——难以想象的高昂费用，设置越来越多的地面采样点，50平方千米、10平方千米一个，并在每处放飞大量探空气球，全方位采集地表几里范围三维数据，应该说预测精度大大提高吧。第三，现在的模型可能仍然太简单，比如，可能没有考虑第2 571个变量的影响，方程的个数应当再增加300个等等。

假设这些都做了，可以粗略估计工作量、计算量将成倍增加，甚至出现超出现有能力的状况，不过我们不考虑这些，暂且认为一切都OK，我们看看预报结果与实际相符合的情况。虽然没有人试过，但可以肯定地说，不会有根本性的改观！原来200次有一次错报，现在稍有改变，可能达到220次中有一次错报。提高这样一点精度，付出的代价是极其巨大的。在1987年10月的重大漏报事件中，每秒运算4亿次的赛伯机并非没有发现暴风，它知道有一场暴风，但它和往常一样，自信地肯定暴风的路线不经过英国，而向东直穿北海。天气系统与计算机较量，大自然是赢家！为什么？



由于非线性，强烈的非线性相互作用。初始诸多气象数据中气压微小的改变，就可能导致完全相反的天气结果。于是天气预报部门有这样的遁词：

"只要天气不发生意想不到的情况，我们就能准确地预报它。"

多么令人恼怒的回答，多么机智的回答！

在讲述非线性作用之前，最好复习一下线性与非线性概念，这是基础的基础。

## 3.3 大象动物

什么是非线性？可以从线性出发，进而定义非线性。但这样做的后果可能给人一种错误印象：以为线性是基本的，非线性是次生的；线性是重要的，非线性是细枝末节；线性是逻辑先在的，非线性是逻辑派生的。其实线性与非线性无所谓先与后，无所谓好与坏。

简单说，线性是指成直线关系，或呈直线关系，更简单的说法是成比例关系。以投入产出为例，做2分工，出5克产品，做4分工，出10克产品，做3分工，则出7.5克产品。这太好理解了。

再看弹簧的形变问题。经过长期的实践人们发现，弹簧下面悬挂重物时，弹簧的长度会变长，而且遵守一定的规律。设弹簧不载物时原长18厘米(这个数值其实无关紧要),力的单位以“牛顿”记。只研究挂重物平衡后的情况,这时恢复力($F$)与重力($G$)大小相等方向相反,都作用在弹簧上。经测量有表 3-1 的数据,注意,请不要害怕数据。

由实验可以确定恢复力 $F$ 与伸长量$\Delta x$ 之间的函数关系:

$$F=-\kappa\Delta x,$$

其中负号表示恢复力的方向与形变量方向相反。上述公式表达的是一种呈直线的关系,叫作线性关系。其中$\kappa$是系数,称劲度(stiffness)系数,以前叫作“倔强系数”,在本例中其数值为 20 牛顿/厘米。

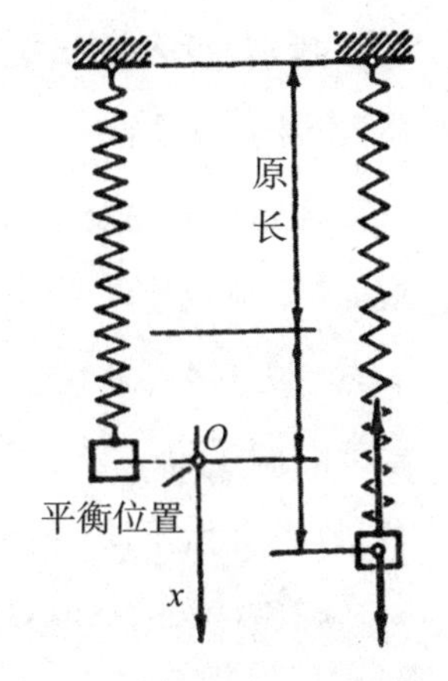

图 3-1　线性弹簧,形变量与恢复力成正比(此图据朱照宣,1982)

表 3-1　弹簧伸长量与恢复力的关系

| 挂物重量($G$) | 20 N | 40 N | 60 N | 80 N | …… | 160 N |
|---|---|---|---|---|---|---|
| 弹簧长度($L$) | 19 cm | 20 cm | 21 cm | 22 cm | …… | 26 cm |
| 伸长量值($\Delta x$) | 1 cm | 2 cm | 3 cm | 4 cm | …… | 8 cm |

我们还发现,恢复力 $F$ 与弹簧长度 $L$ 之间并没有明显关系。

力 $F$ 与形变量$\Delta x$ 的线性关系被称作郑玄–虎克(R. Hooke)定律(东汉经学家郑玄在注解《考工记 · 弓人》时,先于胡克提出了此定律),初中物理学就讲述此定律。它是弹性力学的基本规律,还可以叙述为:“在小变形情况下,固体中的应力与应变成正比。”我们应当明确此定律并不是永远成立的,其前提是“在弹性限度内”或“小变形情况下”。在一般情况下,这就是其唯一限制了,在严格意义上,即使在弹性限度内,两者也未必呈线性关系。但由于差别不大,通常只承认线性关系。

可是,时间久了,学者们却容易得出一个虚假的结论,力与形变总是呈线性关系的,甚至线性关系才是大自然的本来面目。准确地说,线性关系只是局部关系,只在局域上成立。什么是“局部”?对于不同系统有不尽相同的含义。

其实，投入产出关系也不一定是线性的，学过经济学的都知道“边际收益/效用递减规律”，意思是说，自变量增加时，因变量不是成比例地增加。一亩地施500克化肥增产5千克粮食，施1千克化肥可能增产10千克，但施1.5千克化肥可能只增产12.5千克，施50千克化肥可能减产50千克，再下去会怎样？施100千克化肥可能颗粒不收。怎么？苗都烧死了！前面做工的例子也一样，开始时线性增加，由于人的工作强度是有限的，用工过多，效率必然下降，投入同样多的劳动，只能多产出一点点。

弹簧的例子也是如此，所挂物体重量达到一定量值，接近或超过弹性限度，力 $F$ 与弹簧形变 $\Delta x$ 也不再是线性关系。从图像上看，线是弯曲的。

再抽象一些，可以把线性定义为：系统中变量所满足的函数关系只是线性函数，则变量具有线性关系。只包含线性关系的系统称线性系统。“线性”与“非线性”更准确的说法可用“算子”表达出来。数学公式有利于明晰，如果你很讨厌数学公式，可以跳过有关内容，当然你的收获也少些，更大的缺点是，仅仅凭普通语言文字，可能误解作者的用意。

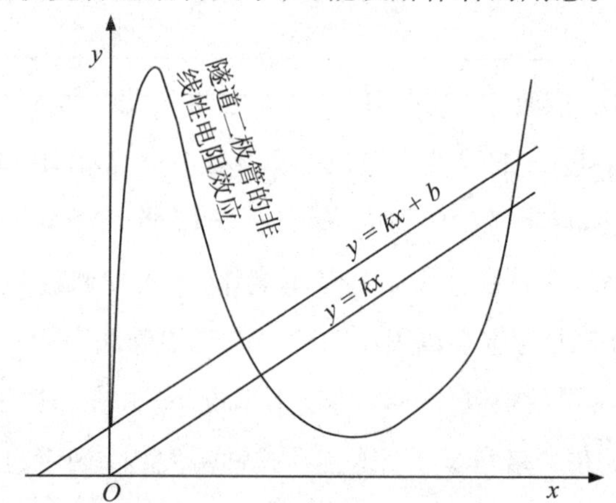


图 3–2　线性函数与非线性函数。图中示意了隧道二极管的非线性电阻效应

设 $\varphi$ 和 $\psi$ 是任意两个（向量）函数，$a$ 和 $b$ 是任意两个常数，若算子 $L$ 满足如下叠加原理

$$L(a\varphi+b\psi)=aL(\varphi)+bL(\psi)$$

则称$L$是线性算子，否则$L$是非线性算子。包含非线性算子的系统为非线性系统。从功能上看，非线性是通过线性来定义的。从形式上看，非线性在方程中指相关变量含有二次或二次以上的项。

初中数学讲过直线方程：$y=kx$（任何直线方程都可以通过平移，化为这种形式）；高中数学讲过抛物线方程：$y^2=2px$。前者是线性方程，后者是非线性方程。

所谓“叠加原理”也不难理解。用上述两个方程可做完全说明。对于方程而言，可叠加的含义是，两个解加起来后仍然是原方程的一个解。设$x_1$、$y_1$和$x_2$、$y_2$是上述直线方程的两组解。对于$y=f(x)=kx$，有

$$y_1=kx_1$$

$$y_2=kx_2$$

我们很容易证明，$x_1+x_2$与$y_1+y_2$也一定是此方程的一个解：

$$\begin{aligned}f(x_1+x_2)&=kx_1+kx_2=k(x_1+x_2)\\&=y_1+y_2\end{aligned}$$

非但如此，我们还能证明，对于任意两个常数$m$和$n$，$(mx_1+nx_2, my_1+ny_2)$也一定是方程的解。

现在看一个稍复杂的例子。大学中一般都学过微分方程，通常只学线性微分方程。二阶齐次线性微分方程的一般形状为：

$$\frac{d^2y}{dx^2}+P(x)\frac{dy}{dx}+Q(x)y=0$$

因为方程关于未知函数$y$是一次的，最高阶导数为二阶，所以叫二阶线性微分方程。假设$y_1$和$y_2$是方程的两个解，设$C_1$和$C_2$是任意两个常数，可以证明$C_1y_1+C_2y_2$一定也是方程的解。

$$\begin{aligned}&[\frac{d^2}{dx^2}+P(x)\frac{d}{dx}+Q(x)](C_1y_1+C_2y_2)\\&=[\frac{d^2}{dx^2}+P(x)\frac{d}{dx}+Q(x)]C_1y_1+[\frac{d^2}{dx^2}+P(x)\frac{d}{dx}+Q(x)]C_2y_2=0\end{aligned}$$

其实，解的这种可叠加性正好可用于求线性微分方程的通解。如果$y_1$和$y_2$是二阶齐次线性微分方程的两个“线性无关”的特解，则$C_1y_1+C_2y_2$就

是方程的通解。注意,“线性无关”与“非线性”可是两个完全不同的概念。

非齐次线性方程的通解可表示为

$$y=C_1y_1+C_2y_2+y^*$$

其中$y^*$是非齐次线性方程的一个特解,$C_1y_1+C_2y_2$是齐次线性方程的通解。

中学和大学物理课都讲过谐振子运动。谐振子运动系统是线性系统,解具有叠加性。如果$x_1(t)$是在策动力$F_1$作用下的运动,而$x_2(t)$是在策动力$F_2$作用下的运动,则在合力$F_1$和$F_2$联合作用下的运动就是$x_1(t)+x_2(t)$。阻尼谐振子的运动方程为:

$$\frac{\mathrm{d}^2x}{\mathrm{d}t^2}+\frac{1}{\tau}\frac{\mathrm{d}x}{\mathrm{d}t}+\omega_0^2x=F$$

它只是我们上面说的二阶线性微分方程的一种特例。如果

$$\frac{\mathrm{d}^2x_1}{\mathrm{d}t^2}+\frac{1}{\tau}\frac{\mathrm{d}x_1}{\mathrm{d}t}+\omega_0^2x_1=F_1$$

$$\frac{\mathrm{d}^2x_2}{\mathrm{d}t^2}+\frac{1}{\tau}\frac{\mathrm{d}x_2}{\mathrm{d}t}+\omega_0^2x_2=F_2$$

则一定有

$$\frac{\mathrm{d}^2y}{\mathrm{d}t^2}+\frac{1}{\tau}\frac{\mathrm{d}y}{\mathrm{d}t}+\omega_0^2y=F_1+F_2,\quad y=x_1+x_2$$

在数学中线性与非线性是好区分的。方程中只要变量之间不互相乘除,就不会出现非1次的项,因而就没有非线性。变量所构成的项只要有2次、3次以及非整数幂次,则一定是非线性方程。大学有门课程叫“线性代数”,因为那里讨论的基本上都是线性方程。

应当注意的是,物理世界情况比较复杂,“线性”与“非线性”不是绝对分明的。特别是在“非线性现象”这一叫法中,有许多模糊之处。对于某些复杂现象,在一定条件下,既可以把它视为非线性现象,也可以把它视为线性现象,这与人们看问题的角度和所关心的变量的时空尺度有关。

即使从数学上看,线性与非线性也可以转化。一些非线性方程也可以通过变量替换等技巧,化成线性方程,然后对线性方程求解,求解后再代回去,间接求得原来非线性方程的解。另一方面,当非线性非常弱时,非线性

影响较小,在处理过程中,可以忽略非线性项。过去用得最多的是,对非线性问题强制作"线性化"处理,这是一种"危险"的方法,但常常是不得已的办法。实践证明"线性化"技术"常常"奏效。对于"常常"在后文要做适当修正,实际情况是"不常常"。

在非线性科学大规模涌现之前,人们自觉或不自觉地普遍持有一种过分乐观的想法,以为任何问题都可以线性地获得圆满解决。现在看来,非线性是普遍存在的,多数问题不能通过线性的办法或线性化的办法解决,因而直接面对非线性是不可避免的。(当然,直至今日也还有一些人认为研究非线性是不必要的!)

非线性系统比线性系统更普遍。如果说线性是动物中的大象,那么非线性则是非大象动物。

## 3.4 非线性引出复杂性

用计算机算天气,思想渊源可推到里查逊(L. F. Richardson)和冯·诺伊曼,后来计算机科学与气象学真正平行发展,前者的历史也恰好是后者的历史,尽管后者只是前者的一种具体应用。

但直到20世纪60年代,气象学家通过计算机才对非线性的复杂性有初步认识。洛伦兹(E. Lorenz)本来是学数学的,1938年大学毕业后,由于第二次世界大战,他偶然变成了空军气象预报员。战后他决定继续研究气象学。在麻省理工学院他操作着在今日看来极其笨重的"皇家马克比"计算机——启动后发出刺耳尖叫声、每周都要出一次故障的机器。洛伦兹就是用这种当时比较先进的东西模拟天气,似乎没有人真正相信这东西演示的结果,所以大家戏称它处理的气象是"玩具气象"。可是,正是从这种计算中,洛伦兹获得了重大发现:长期天气预报不可能!

不加解释的话,上面的断言可能会遭到各种攻击。

天气预报，不是每天都在做吗？如果长期预报不可能，为什么还有天气趋势报告？

要点在于“趋势报告”不同于真正的“预报”。粗略地说，迄今为止，两天以内的天气预报比较可信，第三天的预报可以相信70%，三天以上的预报可信度很低，一周以上的预报必然不可能。

当然，搞气象的对于一周、两周甚至一个月后的天气也还是能说些什么的；但那不是预报，而是就“平均”情况大概说说。严格说预报是不能讲“平均”的，因为某一天的“平均”气温意义不大，不预报人们也能猜出。1987年7月作者在内蒙古巴林左旗地质实习一个月，那里的昼夜温差很大，早晚要穿毛衣，中午要穿衬衫，预报员告诉你一个平均温度毫无意义。

洛伦兹因为是学数学的，所以喜欢摆弄数学模型，他不在乎简化，事实上没有简化就没有科学。他从热对流问题的偏微分方程入手，得到12个常微分方程，再做简化，最后得到3个一阶微分方程，它们构成一个系统——三阶微分方程组，后来名扬四海，大家称之为“洛伦兹方程”，由此方程导出了“蝴蝶效应”以及天气系统长期行为不可预测的告诫。

这种方程从数学上看并不令人吃惊，因为人们好像很熟悉，一点也不复杂，其样子是：

$$\begin{cases}\dfrac{\mathrm{d}x}{\mathrm{d}t}=10(-x+y)\\[2ex]\dfrac{\mathrm{d}y}{\mathrm{d}t}=28x-y+xz\\[2ex]\dfrac{\mathrm{d}z}{\mathrm{d}t}=xy-\dfrac{8}{3}z\end{cases}$$

方程中最高阶导数是一阶，每个方程都是一阶的，左侧分别是变量x，$y$，$z$的时间变化率，右侧如果都是线性的，那么此方程真正是简单的，一般的大学生都能解出来。然而右侧有两个非线性项$xz$和$xy$，正是这两个“妖物”，使得方程无法解出。另一方面请注意，方程右端不含时间$t$，即$t$不出现在右端式子中，这样的系统有个名字，叫作“自治”(autonomous)系统。自治系统有一个重要性质:相空间轨道非交叉。也就是说,除奇点外,对于相空中任意一点,只有唯一一个演化方向。

洛伦兹于 20 世纪 60 年代初终于弄明白这个极简单的模型系统可以说明天气变化过程,方程中包含的非线性促使系统具有“对初始条件的敏感依赖性”,小偏差引起大偏差,失之毫厘,谬以千里。“蝴蝶效应”说的就是这个,尽管谈到蝴蝶效应时,所涉及的地点一再改变,起初说巴西,后来说北京,再后来说乞力马扎罗山等等,这只说明“浑沌贩子”各处宣讲浑沌时,结合当地情况做了些发挥。注意,世界非常需要“浑沌贩子”,因为新科学思想需要普及,中国更是如此。北京大学教授、著名浑沌学家朱照宣就曾戏称自己为“浑沌贩子”。

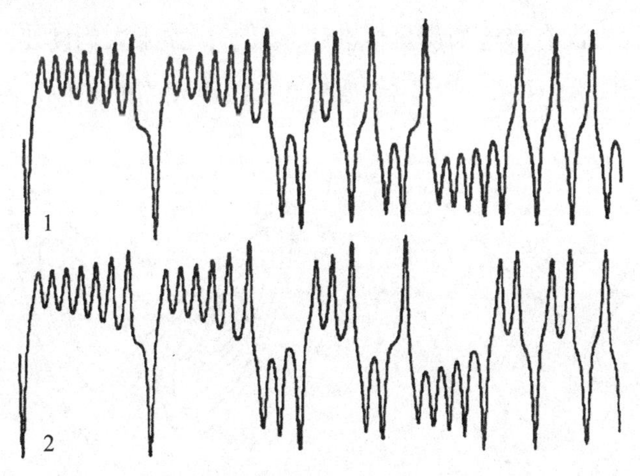


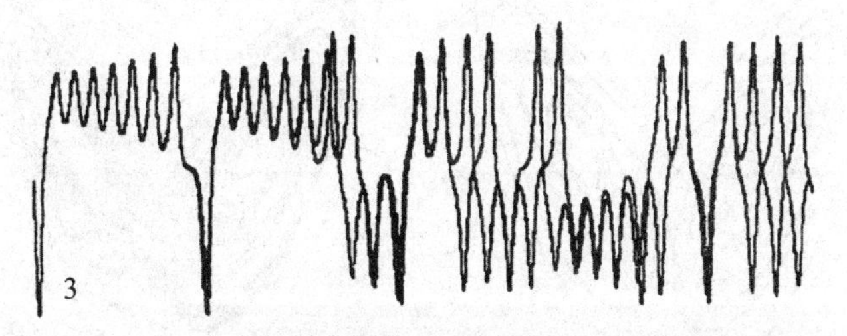


图 3-3 洛伦兹方程对初始条件的敏感依赖性:二组初始数据非常接近,但演化出完全不同的结果。1 图初始值为(2, 12, 7.01),2 图初始值为(2,12,7.02),3 图是以上两图的合成图

我们看两组类似的数据的演化结果，图 3-3 中的曲线表示相空间中变量 $x$ 随时间的变化情况，选 $y$ 与 $z$ 也一样，读者可自己试试。时间不是以分、秒计的，在计算机上我们以“迭代次数”计。

我们看到，初始条件中只有微小差别，用不了多长时间，就会导致系统随后演化模式完全不同。以天气为例，从极类似的初始条件出发，随后却出现了两种完全不同的天气，一个可能是晴，另一个可能是大雨。有人说：“同样的原因导致了不同的结果，因果律要做修正。”这是哲学式的讨论，留给读者思索，你完全有发言权。

这里只想指出一个事实：物理上，绝对精确的测量是永远无法实现的。实际上按照布里渊(M.Brillouin)的见解，人类无法测量比$10^{-15}$厘米更短的距离，因为我们没有合适的衡量标准——尺子。如果人们硬要测量$10^{-50}$厘米左右的距离，唯一可用的“尺子”是与这个距离相当的某种光波或德・布罗

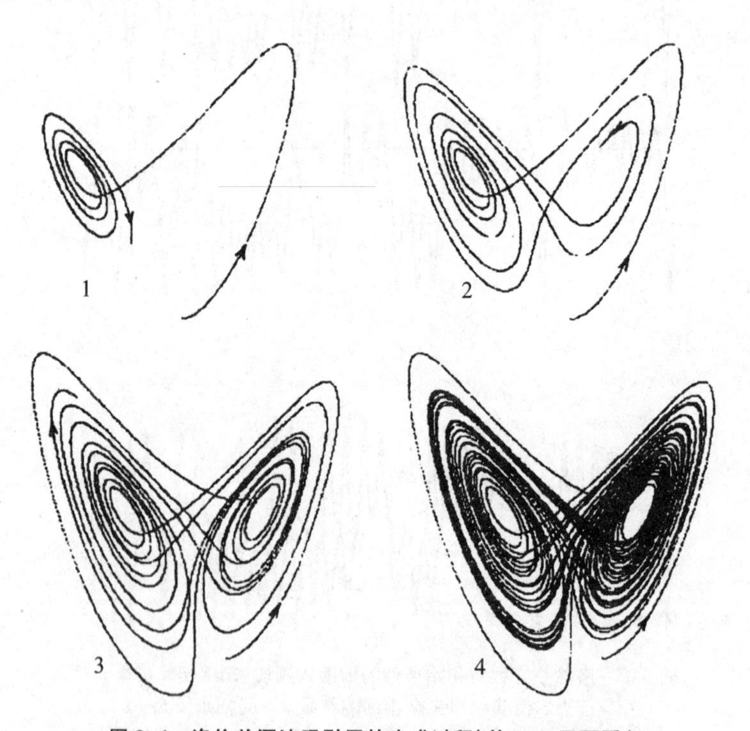


图 3-4　洛伦兹浑沌吸引子的生成过程(从 $XOZ$ 平面看)

意(de Broglie)波。测量过程至少需要一个量子,而这样的测量所涉及的单个量子的能量大得惊人,$E=hc/\lambda\approx2\times10^{27}$焦耳,此能量足以把实验室炸得粉碎。这意味着什么？这意味着我们是有限的动物,在物理世界中,人类所能得到的只是近似性,并且由近似的初始条件得出近似的结论。浑沌运动表明,由近似的前提并不能得出近似正确的结论,常常只能得出毫不相干的结论。

1963年洛伦兹就用计算机画出了今日称作洛伦兹"奇怪吸引子"的复杂相空间图形(图3-4)。前面已经用过了"相空间"一词,现在稍作解释。"相"(phase)可理解为"状态"(state),"相空间"也可理解为"状态空间"。在

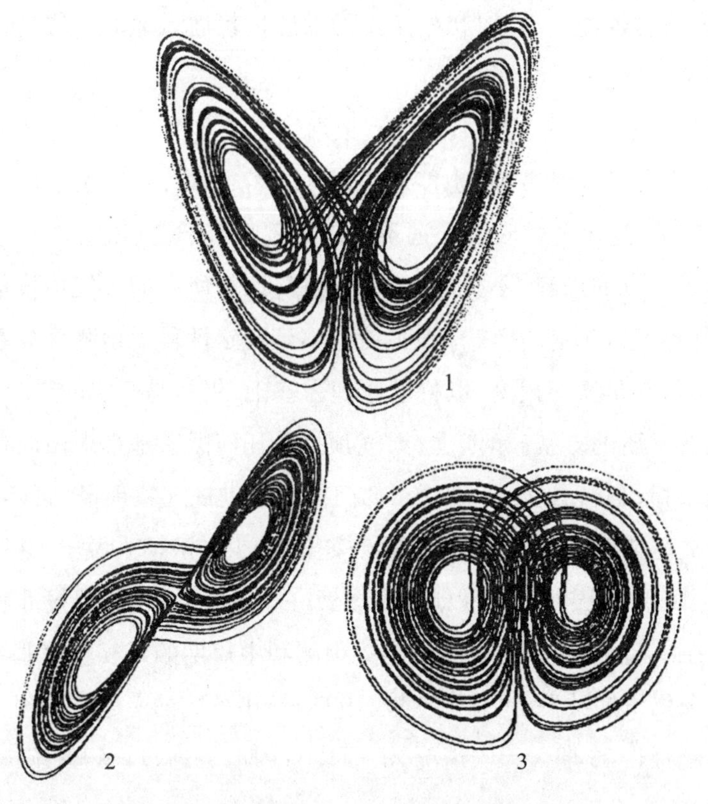


**图3-5　洛伦兹方程的奇怪吸引子。1图、2图和3图分别为在*XOZ*、*YOZ*和*XOY*平面上的投影图**

经典力学中，特别是分析力学中，“相空间”含义略有不同，在那里相空间有“偶对结构”，而非线性动力学讲的相空间并不要求具有偶对性质。举一例，火箭升空，其速度($v$)和位置($x$)可“张成”二维相空间($v,x$)，速度与位置各是一个“维”。对于一个电路，电压与电流可看作两个维，也可张成二维的相空间。在洛伦兹系统中，我们以三个状态$x,y,z$各作一个维，可张成一个三维相空间。为了研究方便，常常看三维相空间的子空间，如二维相空间，即三维空间在二维空间上的投影。

现在我们看洛伦兹系统的三张相空间投影图（图3–5）：在$XOZ$平面上的投影、在$XOY$平面上的投影、在$YOZ$平面上的投影。洛仑兹吸引子在$XOZ$平面上的投影像什么？是否像蝴蝶的两个鳞翅？然而，洛仑兹用“蝴蝶效应”解释浑沌运动“对初始条件的敏感依赖性”，靠的并非仅仅是这种表面的类似性。

浑沌学家若斯勒(O. E. Rössler)根据洛伦兹方程，给出一个更简单的微分方程组，称若斯勒方程，也能产生浑沌。若斯勒浑沌吸引子的三维投影图(图3–6)，这个奇怪吸引子远不如洛伦兹吸引子稳定。

读了本章的内容，不要产生一个误解，以为所有的天气预报都是胡说八道，都不值得相信。天气预报虽然达不到确定性科学预测百分之百准确的程度，但它是概率预测，以科学原理为基础，仍然是坚实的科学，与非科学预测有本质的差别。事实上，天气预报是任何国家都必须做而且必须做好的大事情，各行各业、各级领导部门都十分重视气象预报。近年来，气象事业发展迅速，为保障人民生命财产安全、减少经济损失做出了巨大贡献。1995年中国气象部门全力以赴，积极做好气象服务，气象预报准确率明显提高。在汛期中，气象部门旱涝趋势预测和中短期的天气预报基本准确。中国气象局汛期共发出《总理专报》19期，给国务院的专题文件报告16份，传真专题报告33期，《天气情况》汇报共111期，并通过视频系统提供16个专题片。

气象科学仍然有相当多的基本问题没有解决，人类在与大自然的较量中，有胜有负。只有发展新的科学方法，才能不断提高预测精度。认识到不可预测性，是发展新的预测方法的前提。浑沌是不可预测的，但换种角度看，在一定意义上说，浑沌也是可以认识的、可以控制的，甚至可以利用浑沌进行预测。福特(Joseph Ford，1927—1995)等浑沌先驱者已喊出这样的口号。

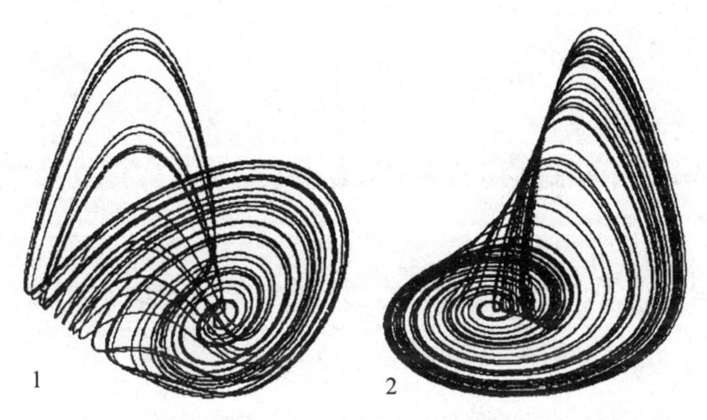


图3-6　若斯勒奇怪吸引子(1图、2图是在不同投影角度下得到的图像)

# 第4章　振动的世界

我们知道的，是很微小的；我们不知道的，是无限的。

——拉普拉斯

如果没有听觉，我们对振动的关注未必会像盲人关心光明那么强烈。

——瑞利

## 4.1　从定义出发的困境

世上任何东西都在振动，小至原子、晶体，大至机械、天体，当然更少不了小提琴、架子鼓、萨克斯管，也少不了广播、电视、计算机等等。没有振动也就没有人类文明的相当大的部分，如音乐、现代通信。

经过科学家的努力，人类研究了各种振动，掌握了许多规律，但是直到现在，也不能说全部搞清楚了。浑沌运动与振动有密切联系，然而以前人们基本上不知道。

何为振动（vibration）？简言之，振动即振荡（oscillation），一种来来回回的运动。那么如何准确定义振动呢？

“一个物体在某一位置附近的往复运动叫机械振动，简称振动。从广泛的意义上来说，描述系统状态的物理量的任何周期性变化过程，也都称为振动。”（《物理学小词典》）

“物体在某一位置附近来回往复的周期性运动，叫作机械振动。……描述物质运动的物理量，在某一数值附近作周期性变化时都称为振动。”(《物理学基础》)

“物体经过它的平衡位置所作的往复运动或某个物理量在其平均值(或平衡值)附近的来回变动。”(《中国大百科全书·力学卷》)

以上定义在过去都是可行的定义，人们所了解的单摆摆动、弹簧张缩、电磁振荡、乐器的弦线振动与鼓面振动等等，看来都符合这一定义。

但是从当今非线性动力学(特别是浑沌)的角度看，以上定义都有缺陷，甚至是错误的。

以前研究的几乎所有振动都被人为简化为线性振动了，所以才仅仅出现“周期性变化”。那么，非周期的往复、回复性运动是否也是振动呢？大概没有任何人故意想排除这种可能性，但客观上无意识地这样做了。历史就是这样，直到20世纪70年代中期，科学共同体才意识到振动是极为丰富的问题，许多问题没有搞清楚。在此之前只有少数大师做了先驱性工作，如杜芬(G. Duffing)、范德坡(Van der Pol)、安德罗诺夫(A. A. Andronov)等。

## 4.2 从声音说起：耳膜的振动

胡克定律的另一种说法是，弹性势能与形变的二次幂成正比，用$V(x)$表示势能，则有

$$V(x)=\frac{1}{2}Qx^2$$

这里$x$表示弹簧形变量，相当于上一章中例子的$\Delta x$，$Q$为常数，通常写作$\omega^2$的形式。对势能求偏导数得出力的关系

$$f=-\frac{\partial V}{\partial x}=-Qx=-\omega^2 x$$

再应用牛顿第二定律$\boldsymbol{F}=m\boldsymbol{a}$，有

$$f=m\frac{d^2x}{dt^2}$$

将质量 $m$ 约化为 1，由以上两式得出符合胡克定律的弹簧运动方程

$$\frac{d^2x}{dt^2}+\omega^2x=0$$

其实这还是胡克定律，劲度系数等于$\omega^2$。不过这里我们换了一种思路：由势能微分求力。这样便于过渡到非线性。

弹簧系统的恢复力一定与形变成线性关系吗？非也。

弹性系统的势能可以取更普遍的形式

$$V(x)=\frac{1}{2}\kappa x^2+\frac{1}{3}\lambda x^3+\frac{1}{4}\mu x^4+\cdots$$

其中$\kappa,\lambda,\mu$都是常数。对此式求导得出力的形式

$$f=-\frac{\partial V}{\partial x}=-\kappa x-\lambda x^2-\mu x^3+\cdots$$

再采用牛顿第二定律，必然得到非线性的运动方程

$$\frac{d^2x}{dt^2}+\kappa x+\lambda x^2+\mu x^3+\cdots=0$$

人们不禁要问，这样构造出来的方程真实吗？是的，我们没有考虑“阻

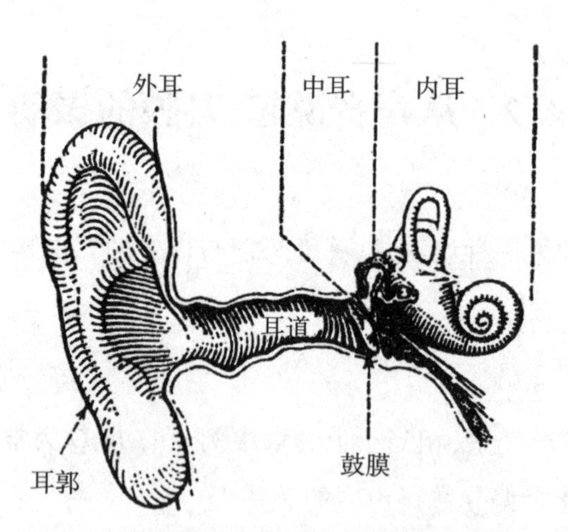


图 4-1　耳朵的构造。鼓膜是外耳道与鼓室的交界面，为椭圆形半透明薄膜，厚约 0.1 毫米，宽约 8 毫米，高约 9 毫米。鼓膜的作用是把声压转化为机械振动

尼”。你又会说：“我问的不是这个问题。”好了，我明白了，你是问非线性是不是人为造出来的。

这的确是要害，举一个例子就清楚了。人之所以能听到声音，是因为一定频率的声波引起空气的振动，然后空气振动传到耳朵中，引起耳朵内的鼓膜振动，人根据鼓膜的振动感受声音。具体过程为：外耳（声波→耳郭→外耳道）→中耳（鼓膜→锤骨→砧骨→镫骨→前庭窗）→内耳（内耳淋巴液波动→螺旋器）→迷路后神经冲动（听神经）→大脑皮质中枢分析（听觉中枢）。其中鼓膜振动是关键一环，鼓膜的振动就恰好不符合胡克定律的线性模式。

设鼓膜的有效质量约化为1，把鼓膜振动看作是一维振动，鼓膜偏离中心位置的位移用$x$表示，则鼓膜振动系统的势能和恢复力分别为

$$V(x)=\frac{1}{2}\kappa x^2+\frac{1}{3}\lambda x^3$$

$$f=-\kappa x-\lambda x^2$$

于是鼓膜的运动方程为

$$\frac{\mathrm{d}^2x}{\mathrm{d}t^2}+\kappa x+\lambda x^2=0$$

当考虑外界信号$F$的策动时，方程变为

$$\frac{\mathrm{d}^2x}{\mathrm{d}t^2}+\kappa x+\lambda x^2=F$$

其中$F$代表外界某种振动。以上考虑的都是没有任何摩擦的情况，系统是保守的。由于没有能量耗损，只要外界传来一点点信号，耳朵的鼓膜就会永远振动下去。这显然不可能，否则会把人震死，因为外界不时传来各种振动。所以系统必然是耗散的，作一个简单的猜想：当人体接收到某种刺激后，会迅速作一简单判断，若是有用信号，则将信号的能量转化成信息存贮下来，没用的则弃之不管，人体用某种有效的办法把多余能量耗散掉。这过程不是绝对的，刺激强度不够，信息贮存不牢，另一方面，即使不重要的信号，也能略微留下记忆。人经过长期进化有一定自我抑制能力，但这是有限度的。

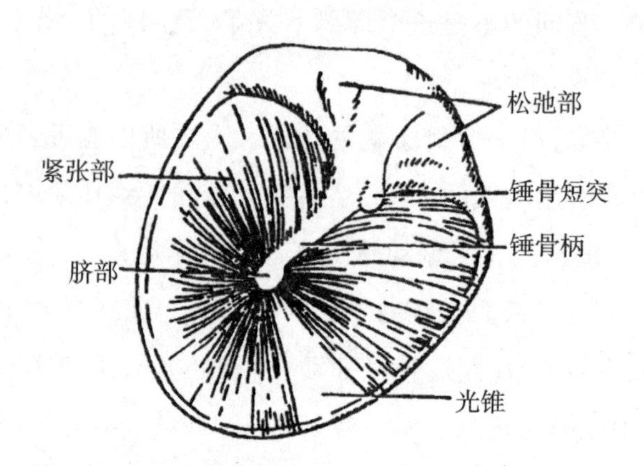


**图 4-2　右耳鼓膜。鼓膜构造分为三层：复层鳞状上皮、放射状纤维和扁平黏膜层。外形很像喇叭上的振动膜**

人会受噪声之苦，就在于人没办法彻底抑制无用的外界振动。"响度"和"声强"是两个概念。声音的响度指声音在人耳所产生的感觉程度，具有一定的主观性，它不仅与声波振动能量有关，还与人耳的灵敏度有关。而声强是一种客观的物理量，表示声波在单位时间内通过单位面积的振动能量。

言归正传。考虑最简单的一种阻尼效应——线性阻尼：阻尼力与运动速度方向相反但成比例关系。加上阻尼项，鼓膜运动方程为

$$\frac{d^2x}{dt^2}+\alpha\frac{dx}{dt}+\kappa x+\lambda x^2=F$$

其中$\alpha$是阻尼系数。

应当注意的有三点：①弹性势能含立方项，因而是非对称的；②恢复力是非线性的；③人听到的声音与外界的"声音"——真实振动——并不完全相同。

前两点是明显的，第三点需要讨论。第三条说的是，人体对外界振动有一定的选择性和创造性。即有的振动被弱化，有的振动被强调，有的振动是人体根据策动信号自身合成的。

# 4.3 共振的利与弊

简谐振动是线性系统,运动方程容易求解

$$x = A\sin(\omega t + \varphi)$$

其中 $A$ 是振幅,$\varphi$是初相位,$\omega$则是圆频率。无疑这是一种周期运动, 周期 $T = 2\pi/\omega$。通常说的频率$f = 1/T = \omega/2\pi$。

简谐振动微分方程及其解具有普适意义,可以说明物理性质极其不同的运动,如电机的振动、工作台的微小摆动、HCl分子中两个原子在平衡位置附近的振动、LC 电路的振动等等。

当系统扩展包括阻尼和策动后, 原有的$\omega$叫作系统的固有频率, 以区别于策动频率$\Omega$。当固有频率和策动频率近似相等时$\omega \approx \Omega$,系统发生强烈振动,即振幅很大。

大家也许看过极富悬念的电视剧《莫勒警官》。剧中描写了一位懂得共振原理的先生,利用教堂建筑的特殊结构,试图通过高跟鞋在地板上的回声激发共振,击倒厅顶,制造“与自己无关”的凶杀案。然而不幸的是,共振被偶然引发,他自己先被砸死。

有一次拿破仑率法军入侵西班牙,军官喊着雄壮的口令,部队迈着整齐的步伐踏上一座铁链悬桥,眼看着就接近对岸了,突然轰隆一声巨响,大桥塌毁,士兵、军官纷纷坠水。几十年后,某军官带领一队士兵迈着整齐的步伐通过彼得堡的卡坦卡河上的埃及桥,结果整齐的步伐韵律正好与桥的固有频率相近,引发了共振,大桥顿时倒塌。

又如 1905 年 3 月 2 日俄国国家杜马计划在道利达宫召开一次会议, 为了给会议厅通风, 开动了阁楼上的一个小型电风扇, 不料却引起共振, 导致会议厅天棚塌下。为此, 著名作家亚历山大 · 格林事后发表了一篇讽刺诗:

鲜红的杜马波涛迭起，

沙沙的风声里，

天棚堕地……

……

我心中的不安可以平息，

把对自由、土地的幻想深埋在心底，



展开紧蹙的眉头，

透过天棚的裂隙我看到了上帝。

共振不一定都是可怕的。人的耳朵有时也利用共振原理，这样可以放大外部声音。类似烧瓶的容器就可作为共振器，容器颈部的空气塞导入振动并吸收范围更广的声能。共振器的内腔是弹性构件，用共振或共鸣可以解释许多洞穴、壁龛的神奇声学效果。

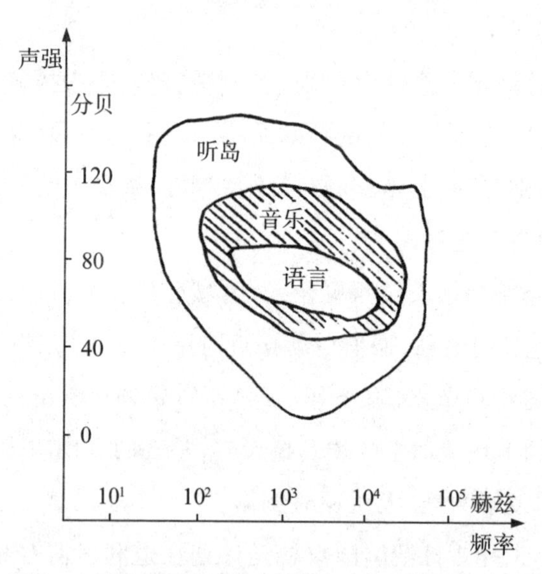


**图 4-3　听岛——人的听觉区域，它只是声音海洋中一个小小的岛屿。对于动物或仪器而言，这个听岛可能在别的地方。注意这里用的都是对数坐标。横坐标是频率（单位“赫兹”），纵坐标是声强（单位“分贝”）**

有时需要人为控制共鸣的发生。如在某些大厅中,建筑师要在大厅的特定部位设计穿孔板共鸣吸收器或槽式共鸣吸收器,减少或者消除共振。对于音乐厅则比较复杂,要消除一些共鸣,但为了使音乐更嘹亮,还必须一定程度上"维持共鸣"。

共振是非线性动力学极重要又极艰深的内容。在近可积系统中,共振与著名的"小分母"问题有关;在参量振动中与"阿诺德舌头"有关;在小行星运动中与"柯克伍德空隙"有关。

不能简单地说共振稳定或不稳定。

有的共振稳定,有的共振不稳定。在天体运动中有大量共振(也叫"可公度性")现象。如月球自转频率与其绕地球的公转频率是1∶1共振,地球上的人一般只能看到月球的一面,这种共振是稳定的。小行星带中与木星成3∶1共振的距离上出现较大的空隙,原来此共振导致不稳定性。在3∶1共振处有浑沌轨道,假设起初小行星是均匀分布的,在漫长的历史过程中,3∶1共振处的小行星被抛射走了,留下了空隙。可是在3∶2共振处,却有希尔达小行星群,理论研究和数值计算表明此共振是稳定的,根本没有浑沌轨道。

可公度性(共振)对于大自然来说,必有深刻的含义,应该说人们还没有完全搞懂其意义。翁文波利用可公度性进行自然灾害预测,取得了突出的成就,但内在机制还不十分清楚。

值得一提的是,在中国古代,共振现象常与"天人感应"之说相结合,用于说明更复杂的社会现象,对此科学史专家戴念祖在《中国声学史》中有专门论述。

## 4.4 频率与音乐

"万籁"均可发声,大自然是声音缭绕的天堂。

爱尔兰小说家乔伊斯(James Joyce)在诗作《土地和空气中的琴弦》中写道:

土地和空气中的琴弦
　　奏出美妙乐音;
琴弦鸣响在河岸旁边,
　　那里柳树成荫。
沿河有音乐悠扬,
　　因爱神在那里徜徉,
白花挂在他斗篷上,
　　黑叶落在他头发上。
全都轻柔地弹奏,
　　低头把音乐欣赏,
一根根手指漫游,
　　在一件乐器之上。

当心情好时,你感受到大自然强劲、美妙的旋律,甚至禁不住随其歌而咏之、舞而蹈之。也有时,你对外界的一切声响都厌烦透顶。

乐音与噪音有明显的区别,但若有人问究竟有什么区别,能说出点道理却不容易。

粗略地看,乐音有明显的规律,它的频谱是分立的,泛音(谐波)频率是基音(基波)频率的整数倍。而噪音波形杂乱,频谱是连续谱,频带相当宽。

两个声音的频率差一倍,即倍频程,就是两个音的音程差是八度。三倍频程,即三个八度,频率相差 8 倍。一倍频程可以等音程地分成 12 份,得到每一个等程半音,于是有如下关系:

$$f_n=f_0 \times 2^{(n/12)}$$

明代杰出律学专家朱载堉在音乐史上首次提出“新法密律”,细致表述了 12 等分律。他精确地计算出了$\sqrt[12]{2}$的值,确认 12 等分律成等比级数关系。设$f_0$(朱载堉是用弦长间接表示频率的)为黄钟(律名之一,相当于今日音名C),则$f_1$为大吕(相当于#C),$f_2$为太簇(相当于D),$f_3$为夹钟(相当于#D)……$f_{11}$为应钟(相当于B),$f_{12}$为清黄(相当于c)。如果黄钟律倍律弦长为2,则应钟律倍律弦长为

$$\sqrt[12]{2}=1.059\ 463\ 094\ 359\ 295\ 264\ 561\ 825\cdots$$

人能听到的声音范围是相当广的,但从某种意义上看又是相当有限的,有些动物的听觉范围超出了人。音乐的频率范围则更有限。太高的音和太低的音都令人不愉快。

音乐由一系列单音组成,用单音表现旋律,并用"和声"来丰富旋律。如果两个频率之比是简单整数比,则它们同时奏响时,听起来较"和谐",如1∶1、1∶2、5∶4和声。乐音都属于复音,即不是单一的纯音,其中包括基音(基波)和泛音(谐波)。正是复音的频谱特征决定了"音色",不同乐器的谐波分布不同,因而音色也不同。音色的实质是,人耳朵能把复杂的振动分解成一系列简谐振动。

## 4.5 弦振动与光速

历史上关于弦振动的研究促进了乐器的改良和偏微分方程求解方法的探讨。我们所知道的乐器如钢琴、提琴、吉他都是靠弦振动发声的。18世纪的时候,泰勒导出了如下公式:

$$f=\frac{1}{2L}\sqrt{\frac{T}{\rho}}$$

其中$f$是弦的基音振动频率,$L$是弦长,$T$是弦的张力,$\rho$是弦的单位长度质量(即线密度)。

可见弦越长,频率越低;弦越粗,频率也越低。弦的振动通过琴马传到乐器的共鸣腔中,共鸣腔有自己的振动特性,传入的信号经共鸣腔改造后,

某些频率成分被强调，某些频率成分被压低，音色和响度又有改变，最终产生悦耳的声音。

科学家关心的不限于这些宏观性的描述。1746年达朗贝尔（J. L. R. d'Alembert）写了《张紧的弦振动时形成的曲线的研究》一文，开始对小提琴之类典型的弦振动问题进行研究，他与伯努利（D. Bernoulli）、欧拉（L. Euler）等导出了至今已写入任何一本"数学物理方程"教材的典型偏微分方程。他们之间为此还发生了长达30余年的争论，甚至人身攻击。

方程如此基本和重要，在这里值得写出：

$$\frac{\partial^2 u}{\partial t^2}=a^2\frac{\partial^2 u}{\partial x^2}$$

这里$u$是位移$x$和时间$t$的函数$u=u(x,t)$，对于弦振动而言系数$a^2$等于弦的张力除以线密度，即$a^2=T/\rho=$常数。在其他振动中$a$不能作此种解释，但仍然是一常数。

此常数$a$有重要物理含义，它相当于波的传播速度（注意，不是质点的振动速度）。在固体中能够产生切变、容变、长变等各种弹性变形，既能传横波也能传纵波，两种波的波速也不同。通过弦振动导出的方程具有普适意义。重要的是其中的波速$a$不但对于机械波成立，对于电磁波也成立，当然对于光波也成立。如果光的运动满足以上振动方程，就可以猜测光是一种"波动"，进而波动就有一定的传播速度，于是可导出"光速具有有限量值"的重要结论。因为电磁波满足上述方程，而任何满足上述方程的波动都确定地以速度$a$传播。

一切好像顺理成章，但科学史可不是简单地符合这种逻辑。历史上，人们认识到光是波动的并具有确定的传播速度，花费了大量时间和心血。

今天我们重构科学的逻辑史时，当然可以这样把"不同"的现象串起来。这也许有利于学生理解物理科学的统一性。

当有外力$f(x,t)$作用于弦上时，方程变为：

$$\frac{\partial^2 u}{\partial t^2}-a^2\frac{\partial^2 u}{\partial x^2}=f(x,t)$$

此方程可以描写大量振动和波动现象，被称为“一维波动方程”，类似地可推出二维、三维波动方程。这些波动方程构成了经典物理学中相当重要的部分。

不过，请注意它们都是线性方程，都满足叠加原理。

设$u_1$和$u_2$分别是弦在外力$f_1$和$f_2$作用下振动方程的解，$C_1$和$C_2$是任意常数，则函数$u=C_1u_1+C_2u_2$一定是方程

$$\frac{\partial^2 u}{\partial t^2}-a^2\frac{\partial^2 u}{\partial x^2}=C_1f_1+C_2f_2$$

的解。线性弦振动方程求解直到傅立叶(J. B. J. Fourier)发明以其名字命名的傅立叶级数，才算圆满解决。但如果振动或波动方程中包含非线性项，则问题十分复杂，至今没有普适的求解方法。

## 4.6　非谐振动的变频效应

把振动系统理解成“单输入单输出系统”，策动（激励）信号相当于输入，响应信号相当于输出。

当振动系统是线性系统时，输入周期信号，比如正弦波，则输出周期信号，而且输出信号的频率与输入信号频率相同。

当同时输入两种周期信号，如频率分别为$\omega_1$和$\omega_2$，则输出信号也有这两个频率成分，并且只有$\omega_1$和$\omega_2$成分。

对于非线性振动系统，输入与输出之间关系较复杂。输出频率除了$\omega_1$和$\omega_2$外，还可能有“倍频”（即谐波）与“和频”，如$2\omega_1$，$3\omega_1$，$3\omega_2$，$2\omega_1+\omega_2$，$\omega_1+2\omega_2$。另外还可以出现“差频”，如$|\omega_1-\omega_2|$，$|\omega_1-2\omega_2|$，$|2\omega_1-\omega_2|$等。

一般地说，有如下结论：

(1)非线性振动系统能够改造频率。设输入信号为$\omega_i$，则输出信号可以有$\omega=k\omega_i$，其中$k=0,1,2\cdots\cdots$

(2)输出信号中的奇次谐波分量只由振动特性的奇次方项产生，偶次谐波分量只由偶次方项产生。

(3)$k$次谐波分量只与$n \geqslant k$的高次方项系数有关，$n<k$的各低次方项系数对$k$次谐波没有贡献。

(4) 组合频率分量$r\omega_1+s\omega_2$由特性多项式中$n \geqslant |r|+|s|+2k$的各高次方项产生，与其他项无关，其中$k$=0，1，2……



(5)受迫非线性振动系统还可以产生“次谐波”(subharmonics)，这种现象也叫作“分频”。

次谐波振动是非线性振动系统非常重要的一种阈值现象。只有非线性达到一定程度，才有可能激发出次谐波振动，这一点不同于谐波振动。

法拉第(M. Faraday)1831 年做浅水波实验时就发现了次谐波，浅容器以$\omega$为频率在垂直方向振动时，容器中的水则以$\omega/2$为频率振动。

瑞利(J. M. Rayleigh)1877 年在《声的理论》一书中对这类现象进行了理论研究，还提出了一个产生次谐波的实验。使一根弦一端系于音叉上，音叉以$\omega$为频率做横向振动，用手拨动弦线，则弦以$\omega/2$为频率做纵向振动。杜芬在研究杜芬方程时研究过$\frac{1}{3}$阶次谐波。

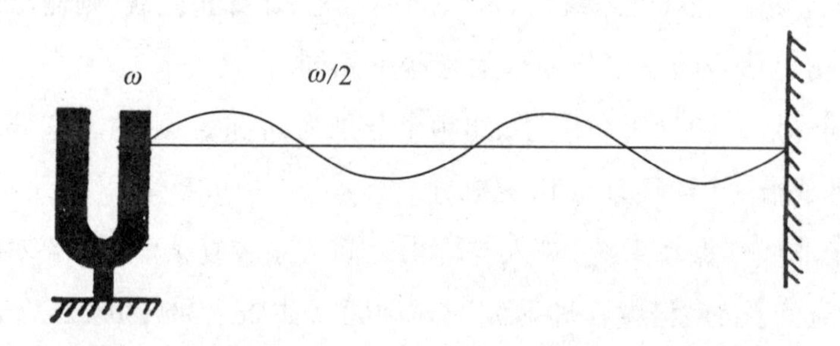


图 4-4 瑞利所做的次谐波实验。左边是一音叉，以频率$\omega$振动，拨动弦线，则弦线以频率$\omega/2$振动

分频与倍频(谐波)是相反的，倍频过程周期缩减，而分频过程周期加倍。

范德坡和范德马克(Van der Mark)在研究电子线路振荡时也发现了“分

频”，并写论文发表在《自然》杂志上。他们的论文非常简短，占了不到两页篇幅，合起来正好有一页。他们考虑了由电阻（用一只二极管代替）、可变电容和激励源 $E_0\sin\omega t$ 组成的电路。他们发现电路输出中含有 $\omega/2$，$\omega/3$，$\omega/4$ 和 $\omega/40$ 的频率分量。他们首次绘出了“魔鬼阶梯”图像（图 4−5）。

浑沌研究中重要的一条通向浑沌的路叫作费根鲍姆（M. Feigenbaum）道路，说的是周期加倍分岔过程通向浑沌，实质上是一种特殊的连续分频模式。

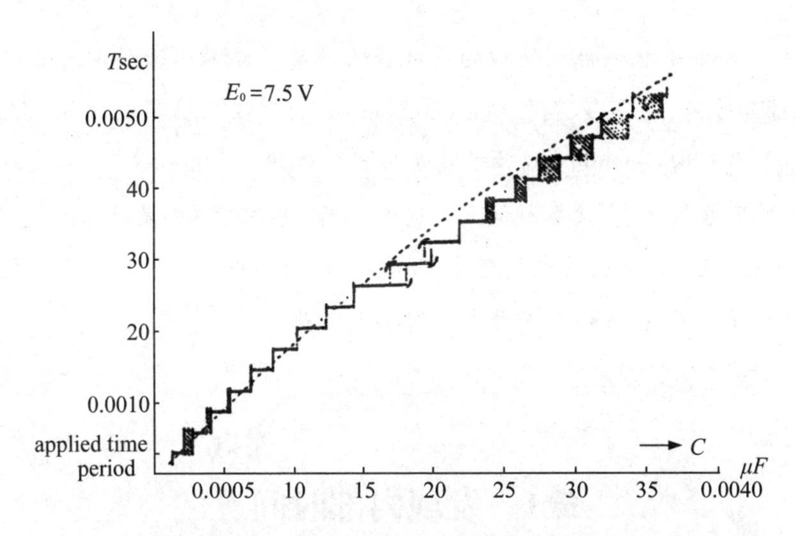


图 4−5　范德坡和范德马克 1927 年绘出的“魔鬼阶梯”图像。阶梯是不等间距的。20 世纪 70 年代末期以后，“魔鬼阶梯”成了非线性动力学中的热门话题，人们找到了各式各样的“魔鬼阶梯”。另外请注意由双稳解导致的“滞后”效应

# 第5章 耦合创造节律

同步现象是非线性系统中的一种特殊性质。在不同学科中有不同的名称,除同步外,还有“入列”、牵连(entrainment),锁住(lock-in),锁相(phase-locking),熄灭(quenching,相对于激发而言),俘获(capture)等。……在同步中,总涉及两个频率,比如$\omega$和$\omega'$。同步以后,共同频率$\Omega$是什么?是$\omega$呢($\omega'$跟$\omega$走)还是$\omega'$(反过来),还是在$\omega$与$\omega'$之间的中间值?……同步或锁相相当于圆的微分同胚中不动点和周期点问题。

——朱照宣

## 5.1 发现内部时间

宇宙中任何一个系统都有自己的内部时间。

说明这个论题并不十分困难。所谓“内部时间”是指系统自身特有的节律,其起源可能因系统的性质不同而各不相同。内部时间是相对系统的环境时间而言的,推到极限,对于宇宙而言,只有内部时间,而无环境时间。

如果可以言说整个宇宙的话,可以把整个宇宙的内部时间定义为牛顿绝对时间。它对于宇宙中任何子系统而言,都是一样的,因而具有绝对的客观性。我们不管事实上有没有这种时间,只是在观念上设想;但假设这种时间对于科学研究是非常方便的,科学家据此有了一个绝对参照系。

类似的讨论可能太无聊。说几个例子。

有的人庸庸碌碌，枉活一生，五年等于一年；有的人勤奋刻苦，一年等于五年。生命的意义不能只从绝对时间来衡量。有的人75岁仍鹤发童颜，有的人不到20岁就已老态龙钟（一种遗传病，称"早老症"）。他们的时间步调是不同的，后者的一年相当于前者的八年！因此后者八岁长胡子、生皱纹并不奇怪。

在阿喀琉斯追龟事件中，阿喀琉斯的时间与通常的时间甚至无法折算，它们流逝的速率是不同的。

系统的振动受外界振动的驱动，可能导致各种各样的锁相，这在动力系统理论中有一个专门的领域，叫"参值共振"。

东南亚某地成千上万只萤火虫聚集在树叶上，在夜晚同步闪烁；北京夏日正午的知了振翅齐鸣，忽而又戛然而止；同宿舍的女大学生月经周期趋于同步；"好哥俩"走起路来步态不是正好同步就是相差π相位；挂在木板墙上的两只挂钟，走时趋于一致；水房里几个人同时哼着流行歌曲，不知不觉遴选出一支曲子，大家哼着一个调，最后也许谁也不哼了或者尴尬一笑。

人在地球上生存，人的睡眠/觉醒周期与昼/夜更替周期通常一致。地球每24小时自转一周，大致说来一半是白天一半是黑夜。人一般也具有24小时的生理周期。时间一长，人体内的生物钟走时已经规律化，只是偶尔被打乱。读书时早上一般七点钟起床，毕业后搬到校内住，每天早晨六点半学校广播播放新闻节目，总被吵醒。开始时并不习惯，时间久了，也就习惯了，每到早上六点半不由自主地醒来。暑假回到家里，早晨无人打扰，六点半醒来后又接着睡，一周下来，到六点半根本不醒了，又恢复到七点醒来。

有人做过实验，可以把人24小时的生理周期变成48小时。让实验者生活在山洞里，一点一点改变光照时间，经过几个月的训练，这个人仍然一天一天地过着。但他的"一天"不再是24小时，而是48小时。据说，以48小时为单位生活，还可以提高工作效率。

什么是时间？时间是绵延，是振动，更是节律。

饱受牛顿力学的熏陶，人们谦卑得不敢奢谈时间。其实时间与物质是联系在一起的，有物质就有时间。在此，并不想与广义相对论套近乎。物质构成系统，系统是相互联系的要素组成的具有一定结构和功能的集合体。系统有不同的层次，并且层层嵌套。系统的子系统和元素是运动的，运动中包含着振动。时间也有"涌现性"，底层不可能自动拥有上层的时间概念。底层时间时常受上层时间的驱动、校准。

周期振动相当于一种钟表机构，呈现一定的节律，随之也形成了运动主体的一种时间。

在实际中人们主要使用四种钟表进行标准计时：核子时（NT）、原子时（AT）、世界时（UT）和历书时（ET）。它们的含义如下：

| 钟的类型 | 原　理 | 时间间隔 | 作用方式 |
|---|---|---|---|
| 核子时 | 氚（$H_3$）的β衰变有一不变的半衰期 | 1NT≈12 年 | 弱相互作用 |
| 原子时 | 铯同位素 $Cs^{133}$ 在基态的两个超精细能级间发生电子跃迁，辐射振动周期固定的电磁波 | 1AT≈1/9 192 631 770 秒 | 电磁相互作用 |
| 世界时 | 用一望远镜指向天顶，某遥远星系精确重现在视场中心的时间间隔 | 1UT=1 天 | 地球自转惯性过程 |
| 历书时 | 地球运动两次从同一方向穿过木星公转平面的时间间隔 | 1ET=1 年 | 引力相互作用 |

时间具有特异性，*A* 系统的钟表不同于 *B* 系统的钟表，也不同于 *C* 系统的钟表。但它们有共同性，即都是某种振动，并可以通过振动的耦合相互联系起来，建立对应关系、换算关系，甚至役使（驱动）关系、锁相关系。不过，耦合问题还是留到下面讲。

原子有原子的时间，分子有分子的时间，天体有天体的时间。

细胞有细胞的时间，组织有组织的时间，器官有器官的时间，生命体有生命体的时间。

微生物有自己的时间，珊瑚虫有自己的时间，人也有人自己的时间。

不同人也有不同人的时间，但作为人类，人的时间是近似相同的。但研究其特异性仍然是有意义的，这是时间生物学的课题。

什么叫不同的时间？绵延的尺度和连续性不同，时间就不同，不要指望能够清楚定义尺度和连续性。对于原子，一秒钟是极长极长的时间；对于水龙头滴水系统，一秒钟是一个比较好的单位；对于地球自转而言，一秒是微不足道的；对于太阳系，对于银河系，一秒根本不适合作计量单位，合适的单位应是“百万年”！

牛顿的绝对时间固然好，但那只是理想化的，在考虑不同系统的内部时间时，它有参考意义，但说实在的，并无裁判意义。

应当说明的是，普里高津发现了时间问题的复杂性，非常有远见地提出了“内部时间”的概念。但是从《探索复杂性》一书可见，他的动机只在于对不稳定系统状态的时间非线性进行有效的说明。在他那里，系统平均内部时间与外部环境时间是“同步”的。而在我们看来，内、外时间的非同步性则是根本性的，否则就没有更多的必要性提出内部时间这一概念。因此这里的内部时间与普里高津的用法有差别。

抛开至小和至大，从任意有限系统说起，系统与环境的时间可用系统的固有频率$\omega_1$和环境的驱动频率$\omega_2$来说明。

## 5.2 纸上看摆

单摆或RLC电路或者其他什么东西，只要给定初始条件，系统都会有一种振动。



对于单摆会有一个固有的角频率$\omega=\sqrt{g/L}$，其中$g$是重力加速度，$L$是单摆的摆长。在没有外力作用下，单摆的运动方程为

$$\frac{\mathrm{d}^2\theta}{\mathrm{d}t^2}+\gamma\frac{\mathrm{d}\theta}{\mathrm{d}t}+\omega^2\sin\theta=0$$

其中$\theta$是角位移，$\gamma\frac{\mathrm{d}\theta}{\mathrm{d}t}$是阻尼项。无疑这是一个非线性方程，直接求$\theta$的解析表达式是不可能的。只有摆角很小时，$\sin\theta\approx\theta$，上式中的$\sin\theta$用$\theta$近似代

替，非线性方程才变成线性方程。从中学开始，教科书和老师都无关痛痒地告诉学生，“当摆角很小时……”那时，不但学生不关心摆角大时如何，老师也不关心，没人关心。

现在，人们已普遍采用庞加莱一百多年前发明的几何方法处理非线性问题。这是一套方法，包括相空间中的相图、庞加莱截面、同宿/异宿轨道、回复映射、分岔、极限环、环面等等。几何定性方法可能比解析定量方法更直观，更能说明整体行为，如微分方程理论中引入的非常有用的新概念“上栅”（upper fence）、“下栅”（lower fence）、“漏斗”（funnel）、“反漏斗”（antifunnel），再如斯梅尔（S. Smale）在动力系统理论中发明的“马蹄”（horseshoe）变换，它们用几何方法说明一簇轨道的整体行为，而不是用数值说明单个轨道的个别行为。

我们无法直接求出$\theta$的解析表达式，但可以知道其一阶导数的表达式。以$\theta$和其一阶导数$\frac{\mathrm{d}\theta}{\mathrm{d}t}$支成相空间$(\theta, \frac{\mathrm{d}\theta}{\mathrm{d}t})$，也可以很好地理解系统的行为。前面已经说过，相空间也叫状态空间。状态空间是系统所有可能状态的集合。

在相空间中可以定性地画出方程的“积分曲线”。早在上一世纪，庞加莱关于微分方程所定义的积分曲线就有伟大的论述。

当$\gamma=0$时，即无阻尼时，单摆系统机械能守恒，所以有

$$E = \text{动能} + \text{势能} = \text{常数}$$

具体化就是

$$\frac{1}{2}mL^2\left(\frac{\mathrm{d}\theta}{\mathrm{d}t}\right)^2 - mgL(1-\cos\theta) = \text{常数}$$

无量纲化后有下述关系

$$\frac{\mathrm{d}\theta}{\mathrm{d}t} = \pm\sqrt{2(H-1+\cos\theta)}$$

其中$H$是常数，相当于能量。对于单摆系统，$H$相当于初始给定的能量。能量守恒表明，单摆向左摆到一定高度，落下后向右摆，也能摆到同样的高度。反之亦然。这样，单摆会永不停息地来回运动。一切全取决于初始能

量，能量大则摆得高，能量小则摆得低。

设想一下，能量足够大时会怎样？能量增加时，单摆来回摆动，摆得越来越高。好比朝鲜人节日里荡秋千，表演者用力回荡，秋千越来越高。你知道，难度越来越大，也越来越危险。

摆（或秋千）超过悬挂点所在平面，并继续上升，并最终倒立起来，达到最高点；再使一点劲，就转过去了，然后迅速下降，到达最低点时速度最大，势能最小；随后单摆又向上摆去。如果悬挂点不能转动，则摆绳会绕悬挂轴缠上，摆长越来越短，最后变为零，终止于悬挂点。我们不考虑这种情况，假设悬挂点可以自由转动。

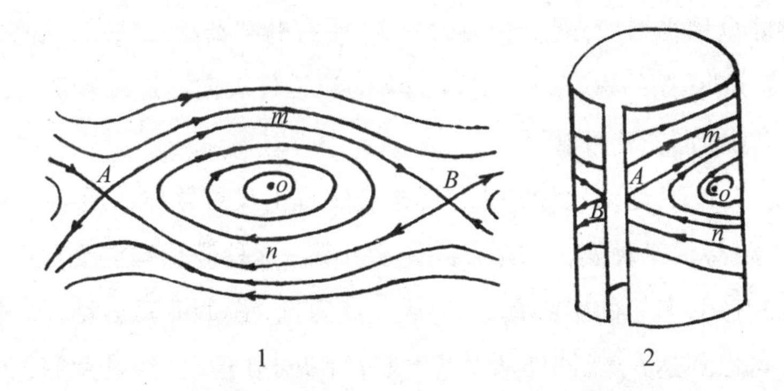


**图 5-1　无阻尼单摆的相图。1 图为平面坐标，2 图为柱面坐标。其中 $A$ 和 $B$ 为鞍点，$O$ 点为中心点。对于保守系统，$A$、$B$ 又叫双曲点，$O$ 点又叫椭圆点**

无阻尼单摆系统的相图见图 5-1。横轴是角位移，纵轴是角位移的时间变化率，即角速度，也叫角频率。

注意相图中的几个特殊点 $O$、$A$、$B$。$O$ 点表示摆处于最低点。$A$ 和 $B$ 代表摆处于最高点。物理上 $A$ 和 $B$ 是同一个点，这可从柱面坐标上看出来。为了考察通过最高点时的旋转方向，故意区分 $A$ 点和 $B$ 点。图中虽然没有直接显示时间变量，但曲线的箭头方向相当于时间的流逝方向。

我们看到 $AmB$ 与 $BnA$ 两段弧线围成了一个椭圆区。椭圆区内所有积分曲线都是闭合的。位于椭圆区内的轨道永远不可能跑到外面去。而区外的轨道则可以到处游走。这里弧线 *AmB* 和 *BnA* 有重要意义，它们被形象地叫作分界线（separatrix）。分界线的变化对于系统行为的变化具有标识意义。若考虑阻尼和外界振动的驱动，当耦合足够强时，分界线竟会变成分形（fractal）曲线。甚至你根本看不出它是什么"线"，更看不出它还有什么"分界"作用。那是后话。

分界线里的运动，代表小角度摆动。摆角越小，系统的线性特征越明显。中学以及大学课本里讲的基本上是 *O* 点附近的运动。在 *O* 点附近，所有积分曲线是一些同心椭圆，有无数层，一个套一个，只要你愿意，你可以套上任意多个。不过在图上，只示意性地画出几个。它们的性质都差不多。只要能量稍稍增加，圈就会加大一点，所有椭圆都相互独立，从不相交。

分界线外，摆的速率很大。若上面的轨道代表向右连续转动，则下面的轨道代表摆向左连续转动。

在分界线上，运动比较特别。严格说物理上没有这样的运动。不过可以把它们设想成某种实在的运动。不要小瞧，这种假想有重要意义。"真实的未必有用，有用的未必真实"。从 *A* 点出发，沿 *AmB* 弧运动，经过无穷长时间，可以到达 *B* 点；同样从 *B* 点出发，沿 *BnA* 弧运动，经过无穷长时间，可以到达 *A* 点。庞加莱把 *AmB* 和 *BnA* 轨道叫作异宿轨道（heteroclinic orbit）。从柱面坐标看，*A* 点与 *B* 点相重合，从这种意义上说，它们又是同宿轨道（homoclinic orbit）。在其他例子中同宿轨道与异宿轨道并不是一回事。顾名思义，"同宿"表示在时间趋于无穷的过程中轨道有共同的归宿；"异宿"表示在时间趋于无穷长时轨道有不同的归宿，但都归到同一类周期点上。

*A* 点和 *B* 点是鞍点（双曲点），与它们相连的轨道既有进入的，也有出去的。准确说，双曲点既有稳定流形（manifold）又有不稳定流形。对于 *A* 点而言，流形 *AmB* 是它的不稳定流形，而 *BnA* 是它的稳定流形。*O* 点叫作椭圆点，其周围一定有一系列椭圆围绕。在保守系统中，相空间体积不变，双曲点与椭圆点一般是成对出现的。

由于刘维尔（J. Liouville）定理，在保守系统中不可能有真正的"源"或者"汇",不可能有"吸引子"(attractor)和"排斥子"。

## 5.3 分水岭与吸引域

在单摆运动中引入阻尼,但暂时不引入外部驱动,上面介绍的相图将发生变化。由于有阻尼,系统不再是保守的,而是耗散的。相体积在演化中收缩。

考虑了阻尼后,可以推断,无论摆开始时具有多少机械能,最后都消耗干净,摆会停止在 $O$ 点处。从相图上看,$A$ 点和 $B$ 点仍然是鞍点,但 $O$ 点变成了稳定焦点。

更为重要的变化是,分界线发生了巨变。原来有两条分界线直接连接 $A$ 点和 $B$ 点,此时不复存在。但"分界线"一词还可以用,确实,分界线仍然存在。

请看图 5-2,图中阴影区和白区分别代表不同性质的运动区域,如果初始状态点取在中间的白区,则可以确定地预言,随着时间的变化,状态点最终直接演化到了中央的 $O$ 点。图中画出的白色区域叫"吸引域"(basin of attraction),其实叫"吸引盆"更恰当。它像一个汇水盆地一样,把处于山

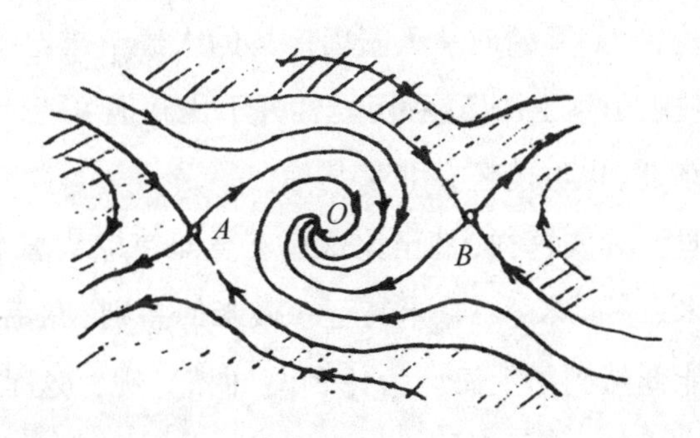


图 5-2 有阻尼单摆的相图。原来的中心点 $O$ 变成了吸引中心,成为稳定焦点。这时没有曲线直接连接 $A$ 点和 $B$ 点。相图中分出白区和阴影区,它们分别代表不同的吸引域。初始点落入白区,则以后永远不会跑到阴影区,同样阴影区的点也不会演化到白区中

坡上的雨水都集中起来,使之流向盆底。如果初始状态点取在左侧的阴影区域,则随后的状态点演化只能在此阴影区内。如果初始状态点取在右侧的阴影区域中,则状态点最后被吸引到右侧吸引盆中。

我们再次看到,分界线起到分界作用,而且起着分水岭的作用,雨水不可能在山坡的一侧流了一阵子后自动爬上山脊,跑到另一个汇水盆地的山坡上。因此分界线的意义非常明显,只要确定了初始点相对于分界线的位置,就可以准确地预言状态的演化了。



简单说,吸引子是动力学系统中状态演化的极限集合。在这样的耗散系统中,点 $O$ 是一个吸引子。它是点吸引子,也叫不动点吸引子。吸引子有许多类型,其实也不是很多,至少已经认识清楚的没有很多。

吸引域并不总像这个词直观上所表达的含义那样。对于复杂系统,吸引域具有分形边界,不同性质的吸引域初始点是紧密交织在一起的,你中有我,我中有你。这意味着什么?意味着你没法预测运动的归宿。假设从初始点北京天安门广场国旗杆下出发,你最终被吸引到上海;但是,如果你开始仍然从北京出发,但地点不是天安门,而是海淀区,则你可能被吸引到广东省某地。

再精确一些如何呢?比如开始时从景山出发如何?这也不能保证最后吸引到上海,可能到了杭州,也可能更惨,直接到了乌鲁木齐。

再精确一些,比如开始时从天安门广场的人民英雄纪念碑下出发。这样你可能正好被吸引到上海(这种可能性并不比其他可能性更大),也可能是美国、日本、东北,也可能还在北京某地。

有这么玄吗?确实这样,甚至比这还玄。即使也从国旗杆下出发,只要仍然还有一米、一厘米、一毫米甚至一微米的差别,最后你也到不了上海。当然也可能偶然到了上海。为什么说"偶然"呢?这是说两个不同的初始点类别是一样的,都属于同一个吸引域。你马上明白了,同类的初始点却不一定靠得最近!完全正确。这也解释了:从北京郊区某处出发,也极可能顺利到达上海。

这就是浑沌与分形的世界，某种程度上令人恐惧，有时又极富魅力。

## 5.4 滑车

暂时离开浑沌，先讲清定态（steady state）运动类型。所谓定态，是相对于暂态而言的。定态不一定是稳定的（stable）。吸引的定态是稳定的定态（SSS），这是物理上人们最关心的运动。何谓“稳定”？有多种说法，简单说有“运动稳定”和“结构稳定”两大类。前者是对运动轨道扰动而言的，后者是对模型扰动、函数扰动而言的。

比点吸引子复杂的吸引子有极限环（limit cycle）吸引子、极限环面（limit torus）吸引子，以及本书最关心的奇怪（strange）吸引子——浑沌吸引子。

之后还有没有新的吸引子了？很遗憾，我不知道。

谁知道？目前恐怕谁都不知道。

孤立的闭轨叫作极限环。保守系统有闭轨，但闭轨并不孤立，所以不可能有极限环。在有确定阻尼但无驱动的耗散系统中，只能出现不动点，也不能出现极限环。

出现极限环运动的系统可分两类：

1）自激振荡系统。系统一定是耗散的、非线性的、变阻尼的无驱动系统。干摩擦可以引起自激振荡，钟表机构则更是典型的自激振荡。

2）受迫振荡系统。系统一定是耗散的、非线性的受外界策动力驱动的系统。

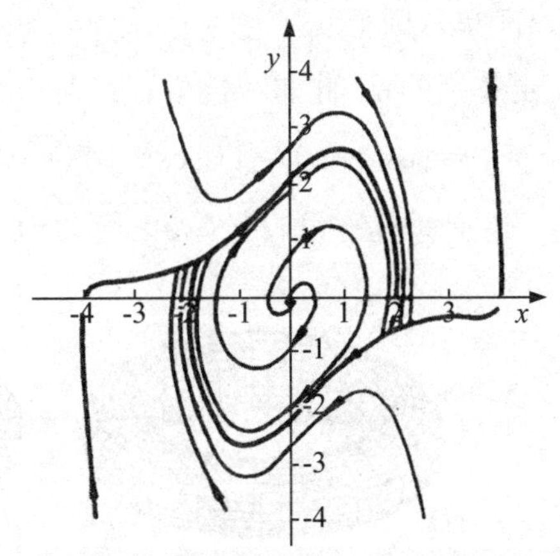


图 5-3　范德坡方程存在的一种稳定极限环

图 5−3 是范德坡方程

$$\frac{d^2x}{dt^2}+(x^2-1)\frac{dx}{dt}+x=0$$

所拥有的一种极限环。环外的轨道被吸向环，环内的轨道也被吸向环。中心点 $O$ 是一个“源”。极限环也有多种，有双侧稳定的（称稳定极限环），有单侧稳定的，也有双侧不稳定的。极限环也不限于二维的环，还有三维、四维的极限环以及 $N$ 维极限环。比如图 5−4(1)就是一个三维的极限环，轨道首尾衔接，5−4(2)则不是极限环，轨道将游遍整体环面。



在实际研究中，如果找到了微分方程，可以直接运用庞加莱-班迪克斯(Poincaré-Bendixson)定理讨论极限环的存在性。

看下列非线性系统

$$\frac{dx}{dt}=-y+x[1-(x^2+y^2)]$$

$$\frac{dy}{dt}=x+y[1-(x^2+y^2)]$$

容易找到 $O(0,0)$ 是不稳定平衡点（不稳定焦点），而圆 $x^2+y^2=1$ 是其稳定极限环。

环内的轨道演化时向外旋，环外的轨道演化向内旋，最后都落到稳定极限环（单位圆）上。

更特别的是，此非线性方程组可以精确求出解析解：

$$x=\cos(t-t_0)/\sqrt{1+C\exp[-2(t-t_0)]},$$

$$y=\sin(t-t_0)/\sqrt{1+C\exp[-2(t-t_0)]}$$

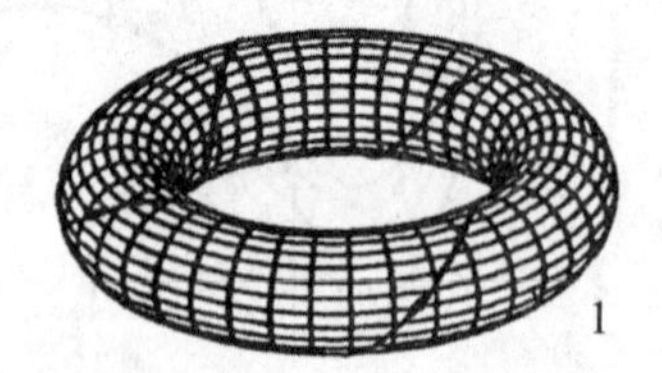


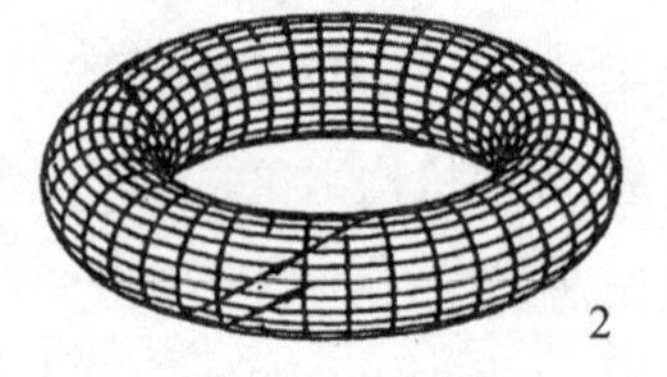


图 5−4　极限环与环面。1 图轨道首尾闭合，是周期的极限环运动；2 图轨道永远不闭合，是非周期的环面运动

当 $C$ 大于 0 时，解处于极限环（这里是单位圆）之内，当时间 $t$ 趋于正无穷大时，解趋向于极限环。当 $C$ 大于 $-1$ 小于 0 时，解处于极限环之外，当时间 $t$ 趋于正无穷大时，解也趋于极限环。所以此极限环是稳定的。

不管极限环如何复杂，它都代表周期运动。取极限环上任意一点作为初始状态，经过一定时间后，总可以准确地回到这一点，而且它将周而复始地永远重复老路子。

极限环难理解吗？一点也不。大家可能去北京石景山游乐场玩过“滑车”（过山车）。极限环就是这个样子，轨道上的小车永远沿着轨道运动，尽管时而转弯时而加速，但总会回到你上车的地点，如果滑行不出意外——如轨道突然断裂或滑车出轨。你还想到了，滑车轨道是三维的、扭曲的环，因为你坐在车上有时侧着身，有时头还朝下。

## 5.5 耦合中的竞争

当考虑外部策动效应时，振动系统虽然仍然可用二阶微分方程描述，并可化成由两个一阶方程组成的方程组，但这个方程组右端显含时间 $t$，所以是非自治的。可以增加一维，把非自治方程变成自治方程。

设受迫振动方程为

$$\frac{\mathrm{d}^2x}{\mathrm{d}t^2}+f\left(x,\frac{\mathrm{d}x}{\mathrm{d}t}\right)\frac{\mathrm{d}x}{\mathrm{d}t}+g(x)=E(t)$$

其中 $E(t)$ 是策动项，是周期为 $L$ 的周期函数，$f$ 和 $g$ 一般是非线性函数。令 $\frac{\mathrm{d}x}{\mathrm{d}t}=y$，可得到两个一阶方程

$$\frac{\mathrm{d}x}{\mathrm{d}t}=y$$

$$\frac{\mathrm{d}x}{\mathrm{d}t}=-f(x,y)y-g(x)+E(t)$$

此方程组是非自治的，相轨线可以交叉；再引入一个状态变量 $z$，令 $\frac{\mathrm{d}z}{\mathrm{d}t}=1$，

则在增广的三维相空间有自治方程

$$\frac{dx}{dt}=y$$

$$\frac{dy}{dt}=-f(x,y)y-g(x)+E(z)$$

$$\frac{dz}{dt}=1$$

这样的方程代表最重要振动类型——耦合非线性振动。它涉及系统与环境的复杂作用关系，可以解释相当多的自然现象和社会现象。这样的系统一般都是耗散的，但由于系统开放，所以仍能维持精致的结构。

上述耦合振子方程涉及两个振动频率，一个是系统的原有振动频率，另一个是策动频率，所以运动轨道可以用二维环面来讨论。二维环面类似于汽车轮子的内胎，沿着大圆方向的周期为外部策动信号的周期，沿着纵向小圆方向的周期为系统原有振动的周期。

环面研究起来还是不够直观，庞加莱发明了截面法，在环面某一处垂直设立一个平面，考察轨道每转一大圈后与此平面的交点。此截面叫作庞加莱截面。在此例中截面是二维欧氏平面，实际上它可以是多维的。在保守系统中，$N$ 自由度的系统具有 $2N$ 维的相空间和 $2N-1$维的等能面，等能面的边界是 $2N-2$维的超曲面。

在上述三维自治系统中，环面是二维的，轨道大致沿环面所规定的螺线管运动，轨道不断穿过截面，在截面上留下截点 $P_0,P_1,P_2,\cdots$，于是在庞加莱截面上可定义映射关系

$$P_{n+1}=TP_n$$

映射 T 称为庞加莱映射。

如果运动轨道与截面只相交于有限个点，比如说 $m$ 个点，则可知原轨道运动一定是周期运动，轨道绕大圆转 $m$ 圈后正好闭合。从截面的映射来看，这 $m$ 个点一定是映射 $T$ 的 $m$ 周期点，也是 $T^m$ 的不动点。因为

$$P_1=TP_0,\quad P_2=TP_1,\ \cdots,\ P_m=TP_{m-1}=P_0$$

或者说 $P=T^mP$。

如果截面上截点有无限多个,则原来的运动一定是非周期运动。非周期运动不一定是浑沌运动，但浑沌运动一定是非周期运动。拟周期运动(殆周期运动、条件周期运动)是非周期运动。

如何判断运动是否为周期运动呢？可以从环面的两个频率之间的关系考虑,如果有多个频率,可考虑频率的线性组合;只有两个频率则比较简单,可以直接考虑频率的比值。如果频率比值是有理数,则运动一定是周期的,如果频率比值是无理数,则运动一定是非周期的。

任何有理数都能表示成 $p/q$ 的形式，其中 $p$ 和 $q$ 都是整数，并且互素(即没有公因子)。而无理数是不可能表示成这种整数比的。

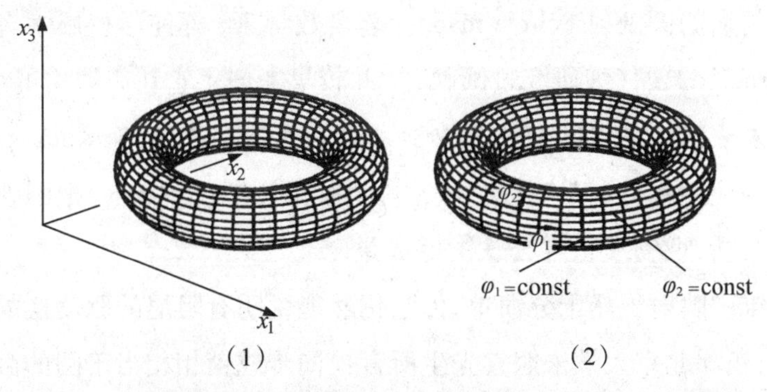


图 5–5　环面及其坐标。(1)图为三维欧氏空间的中的环面,(2)图显示了在环面上引入环面坐标的情况。在(2)图中大圆方向为$\varphi_1$坐标,小圆方向为$\varphi_2$坐标

设两个频率分别为$\omega_1$和$\omega_2$，对应的周期分别为$\tau_1$和$\tau_2$。其中$\omega_1$表示大圆方向的运动,$\omega_2$表示小圆方向的运动,见图 5−5(2)。设$\varphi_1$和$\varphi_2$是两个振子的相角。沿大圆方向的角度变化用坐标$\varphi_1$表示,沿小圆方向的角度变化用坐标$\varphi_2$表示。显然有如下关系：

$$\frac{\mathrm{d}\varphi_1}{\mathrm{d}t}=\omega_1,\frac{\mathrm{d}\varphi_2}{\mathrm{d}t}=\omega_2$$

定义转动数(rotation number)$R$ 如下：

$$R=\frac{\omega_2}{\omega_1}=\frac{\tau_1}{\tau_2}$$

$R$ 是庞加莱发明的非常有用的一个量。若 $R$ 为有理数,即

$$R=\frac{p}{q}, \text{其中 } p,q \text{ 互素}$$

则运动是周期的。这时 $R$ 的含义为，轨道绕大圆 $q$ 周，这期间正好绕小圆转了 $p$ 周。若 $R=2/3$，则说明绕大圆 3 周正好绕小圆 2 周。

如果 R 不能表示成两个有理数之比，$R$ 仍然有物理意义：轨道绕大圆一周时绕小圆转过了多少角度（以 $2\pi$ 为单位）。

再来看庞加莱映射，做一简化，只考虑截面上的椭圆形曲线（闭合的或离散点组成的椭圆），引入极坐标 $(r,\theta)$，则有二维映射 $T$；忽略半径 $r$ 的变化，假设 $r=1$，只考虑角度，则有一维映射

$$\varphi_{n+1}=T(\varphi_n)$$

这就是著名的圆映射（circle map）。著名数学家、浑沌学权威学者阿诺德（V. I.Arnol'd）曾仔细研究过圆映射，并较早考虑了它在心搏中的应用，可惜论文发表前他的老师——大数学家柯尔莫哥罗夫（A. N. Kolmogorov）建议他去掉应用部分，25 年后加拿大科学家格拉斯（L. Glass）把圆映射的理论用于心搏，取得了世界公认的好成果。

一维圆映射虽然十分简单，但它仍然能说明有阻尼的驱动摆的许多振动问题，正如北京大学朱照宣先生所言："同步或锁相相当于圆的微分同胚中不动点和周期点问题。"在现代非线性动力学中讲到非线性耦合振子问题则一定要提到圆映射。三维到一维，这是科学史上绝妙的合理简化方法的典范。在现代动力系统理论中仍然采用此类方法，连续微分方程通常不易研究，数学家则直接研究离散的微分同胚，在微分同胚上发现并证明定理，然后把它再翻译回微分方程。由微分方程到微分同胚，相当于由"流"到截面上的"映射"。

对于庞加莱映射 $\varphi_{n+1}=T(T_n\varphi)=T^{n+1}\varphi$，我们把它具体化为一个正弦圆映射

$$\varphi_{n+1}=\varphi_n+\Phi+K\sin(\varphi_n)$$

通常做变量替换 $\varphi_n=2\pi\theta_n$，$\Phi=2\pi\Omega$，则有

$$\theta_{n+1}=\theta_n+\Omega+\frac{K}{2\pi}\sin(2\pi\theta_n)$$

此系统有两个参数 $K$ 和$\Omega$,$K$ 代表耦合强度。$K$ 小于 1 时映射是一对一的，$K$ 大于 1 时映射是二对一的。从 $K$ 等于 1 开始，系统向浑沌转化。

这里仍然涉及两个频率，但用一个数$\Omega$表示出来。$\Omega$的含义是在没有非线性耦合时固有频率与驱动频率的比值$\Omega=\omega_2/\omega_1=\tau_1/\tau_2$，在这里它只是个数，并不具有频率的单位。因为我们关心的只是两个频率的比，所以只留一个作变量就行了。

对于圆映射同样可定义一个类似 "转动数" 的量——旋转数（winding number）。圆映射的旋转数 $W$ 的含义是单位时间里位相的平均增加量。

$$W=\lim_{n\to\infty}\left(\frac{f^n(\theta_1)-\theta_1}{n}\right)=\lim_{n\to\infty}\left(\frac{\theta_n-\theta_1}{n}\right)$$

此式（在想象中）仍然能表达"大圆转 $n$ 圈时小圆所转的圈数"的含义。

对于变量$\varphi$，可以直接引入 "转动数" $R$：

$$R=2\pi\rho=\lim_{n\to\infty}\left(\frac{T^n(\varphi_1)-\varphi_1}{n}\right)$$
$$=\lim_{n\to\infty}\left(\frac{\varphi_n-\varphi_1}{n}\right)$$

这里的$\rho$相当于 $W$，我们看到，"转动数" 与 "旋转数" 只相差一个 $2\pi$：

$$W(K,\Omega)=\rho(K,\Phi)$$

其中$\Phi=2\pi\Omega$。在没有非线性耦合时，$K=0$，旋转数 $W=\rho=\Omega$；当 $K$ 不等于 0 时，$W=\rho\neq\Omega$.

旋转数若能表示成 $p/q$ 的形式，则运动是周期性的；若 $W$ 为无理数，则运动是拟周期性的；若 $W$ 无法确定，则运动是浑沌的。

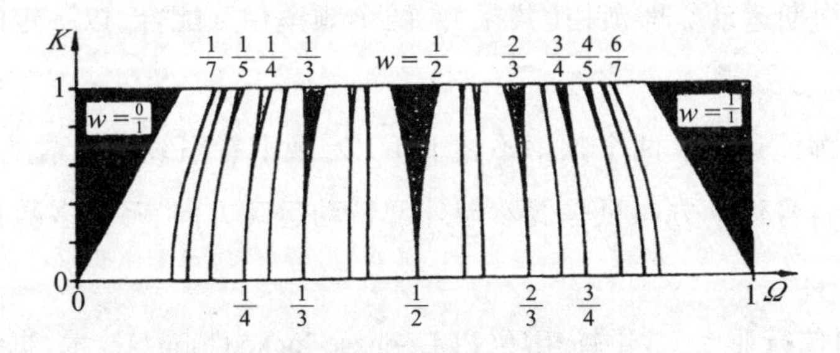


**图 5–6 圆映射中的阿诺德舌头。舌头代表锁相区。舌头的排列有一定的规律。横坐标为频率比$\Omega$，纵坐标为耦合强度 $K$**

周期运动附近也有一些非周期运动被“锁相”到周期运动,因此在某一个有限区域内旋转数都取同一有理数 $p/q$。这样的有理区域呈尖角状,叫“阿诺德舌头”(Arnol’d tongues)。类似的舌头有许多,理论上有无数个,它们每一个都严格对应于一个特定的有理数,并且舌头的相对宽度也与有理数的性质有关。以旋转数 $W$ 为纵坐标、频率比 $\Omega$ 为横坐标作图,可以看到前面说过的“魔鬼阶梯”。阶梯不是一条 45 度的直线,而是带有无数个小平台且平台宽度不等的怪梯。严格说是分形梯,因为放大来看,梯子上任意两级台阶之间还有无数个类似的、宽度不等的台阶。

舌头区域也叫锁相区、同步区或共振区。这种共振叫作“参数共振”,阿诺德很早就研究了这种现象。能产生参数共振的一般运动方程为

$$\frac{\mathrm{d}x}{\mathrm{d}t}=F(x,t),\quad F(x,t+T)=F(x,t)$$

其中 $x$ 是 $n$ 维向量,$T$ 为周期。化成方程组,则有

$$\begin{cases}\dfrac{\mathrm{d}x_1}{\mathrm{d}t}=x_2\\ \dfrac{\mathrm{d}x_2}{\mathrm{d}t}=-\omega^2x_1\\ \omega(t+T)=\omega(t)\end{cases}$$

以两个频率为例,从物理上看,锁相(同步)是两个频率协同、竞争的一种结果。两个频率竞争可以导致三种可能的结局:

(1)拟周期运动。两频率比接近整数比,但不是整数比。表现为遍历运动,即轨道在环面上一点一点扫过相空间的每一区域。

(2)周期运动。即锁相(共振)。两个频率相互配合,以一定的韵律协调运动。

(3)浑沌运动。两个频率不相上下,宏观上看系统步调紊乱,功能失调。系统自身运动方向只是偶然与外部策动运动方向一致,多数情况下是不合拍的。

在电信行业中,常讲锁相环(PLL=phase-locked loops)技术,据说PLL一词最早由贝勒席兹(De Bellescize)于 1932 年提出。在这里,“锁相”的含义

略有不同,“锁相就是相位同步的自动控制”,不过,本质上是一回事。这种定义的好处是可以用于“同步浑沌”和“浑沌控制”。

锁相(同步)概念能说明日常生活中碰到的许多现象。反过来,日常生活接触的大量实例也有助于弄懂科学概念。一百多年前德国幽默大师布舒(Wilhem Busch)关于农夫杰克与狐狸的故事就可以说明同步问题。杰克想用斧子砍狐狸,但不能达到合适的捕捉相位,结果狐狸未被击中,却与杰克交换了一下位置。这个生动的例子已被拜斯特(R. E.Best)写进《锁相环原理、设计及其应用》一书。

## 5.6 舌头排序

阿诺德舌头代表一系列锁相区间,在锁相区中运动是周期的。

每一个舌头都与一个有理数对应,若有理数用$p/q$表示,则对应的舌头记为$p/q$舌头。

这些舌头在Ω轴上的排列次序非常奇特。在一定分辨层次上,考虑任意三个相邻的共振区,它们对应的有理数分别为$\frac{p_1}{q_1}$,$\frac{p_2}{q_2}$和$\frac{p_3}{q_3}$,则有如下关系:

$$\frac{p_1}{q_1}\oplus\frac{p_3}{q_3}=\frac{p_2}{q_2}$$

也就是说,中间的有理数等于两边有理数的某种“加和”,这是一种特殊的“加法”:分子相加,分母相加。看两组例子,对于$\frac{1}{4}$,$\frac{1}{3}$,$\frac{1}{2}$和$\frac{2}{7}$,$\frac{1}{3}$,$\frac{2}{5}$分别有“加法”关系

$$\frac{1}{4}\oplus\frac{1}{2}=\frac{1}{3},\quad \frac{2}{7}\oplus\frac{2}{5}=\frac{1}{3}$$

这两组数中都出现了$\frac{1}{3}$,那么与$\frac{1}{3}$邻近的到底是什么数?说清这些将涉及振动“等级”和纯数学中的一种奇怪“序列”。

舌头排序关系恰好对应于数论研究中的法里(John Farey)树。法里是英国的一位爱好广泛、知识渊博的“小人物”,因为他并不像其他人物那样

身后留下大块的文章。据说他爱好收藏奇石、矿物，对音乐、钱币、车轮、数学、天文都有涉猎，经常发表一些“豆腐干”文章，但使其名垂青史的只是“法里序列”。我们先看“法里树”(Farey tree)：

第1级：$\frac{0}{1},\frac{1}{1}$

第2级：$\frac{0}{1},\frac{1}{2},\frac{1}{1}$

第3级：$\frac{0}{1},\frac{1}{3},\frac{1}{2},\frac{2}{3},\frac{1}{1}$

第4级：$\frac{0}{1},\frac{1}{4},\frac{1}{3},\frac{2}{5},\frac{1}{2},\frac{3}{5},\frac{2}{3},\frac{3}{4},\frac{1}{1}$

第5级：$\frac{0}{1},\frac{1}{5},\frac{1}{4},\frac{2}{7},\frac{1}{3},\frac{3}{8},\frac{2}{5},\frac{3}{7},\frac{1}{2},\frac{4}{7},\frac{3}{5},\frac{5}{8},\frac{2}{3},\frac{5}{7},\frac{3}{4},\frac{4}{5},\frac{1}{1}$

……

除去两边的$\frac{0}{1}$和$\frac{1}{1}$不计，第1级有0个数，第2级有1个，第3级有3个，…，第$n$级有$2^{n-1}-1$个。

设第$k$级总项数为$S_n$，容易看出有递推关系$S_{n+1}=2S_n+1$，其中$S_1=1$。所以$S_n=2^{n-1}-1$，其中$n$为正整数。法里树还可以用连分数(continued fraction)的形式表示：

第1级：[ ],[1]

第2级：[ ],[2],[1]

第3级：[ ],[3],[2],[1,2],[1]

第4级：[ ],[4],[3],[2,2],[2],[1,1,2],[1,2],[1,3],[1]

……

其中[ ]表示0/1，[1]表示1/1，$[a,b,c,d,\cdots]$是连分数的简记形式，其含义为：

$$\frac{p}{q}=x_0+\cfrac{1}{a+\cfrac{1}{b+\cfrac{1}{c+\cfrac{1}{d+\cdots}}}}$$

$$=[x_0,a,b,c,d,\cdots]$$

因为这时 $p$ 不大于 $q$，所以 $x_0$ 为 0，在上面的法里树中，为记录方便略去了前面的 0。有理数具有有限的连分数展开式，无理数具有无限的连分数展开式。任何一个二次无理数都有一个从某一位后是循环的连分数展开式。这是 1770 年拉格朗日（J. L.Lagrange）证明的一个定理。所谓二次无理数是指形如

$$\frac{P \pm \sqrt{D}}{Q}$$

的无理数，其中 $P,Q,D$ 都是整数，$D$ 是正的非完全平方数。比如 $\sqrt{5}$ 就是二次无理数。设 $x$ 为任意无理数，则 $x$ 可以表示成 $x=[x_0,a,b,c,d,\cdots]$ 的形式。1891 年赫尔维茨（A.Hurwitz）推进了狄利克雷（P. G. L.Dirichlet）有理逼近定理，证明了一个更强的逼近定理：任何一个无理数 $x$ 都有无穷多个满足不等式

$$\left|x - \frac{p}{q}\right| < \frac{1}{q^2\sqrt{5}}, \quad q \geqslant 1$$

的有理逼近 $p/q$，并且数 $\sqrt{5}$ 是最好可能的数，若用更大的数去代替 $\sqrt{5}$ 不等式都不再成立。历史上赫尔维茨证明此逼近定理没有用连分数，而是用法里序列的性质！

从逼近的观点看，连分数展开式“最简单的”数，却是最坏的数，因为它们极难逼近。设

$$\xi = \frac{\sqrt{5}-1}{2} = [0,1,1,1,1,\cdots] = [0,\bar{1}],$$

这里的 $\xi$ 就是非常有名的黄金分割数，约等于 0.618。这个数是最难逼近的。在浑沌理论中，$\xi$ 所对应的无理 KAM 环面是“最坚韧的”、坚持最久的环面，当扰动增加时，这个数对应的黄金环面（golden torus）最难破坏，因而最后被破坏。一旦它也被破坏了，系统就进入全局完全浑沌的状态。黄金分割数 $\xi$ 可以用斐波纳奇（Fibonacci）序列近似：

$$\xi \approx \frac{F_n}{F_{n+1}}, \quad F_0 = 0, \quad F_1 = 1$$

其中 $F_n$ 是第 $n$ 个斐波纳奇数，递推关系为

$$F_{n+1}=F_n+F_{n-1},\quad n\geqslant 2$$

这是一个常系数齐次线性差分方程。特征方程为

$$r^2-r-1=0$$

求出$r$,再根据初始条件,可以容易求得$F_n$的解析表达式,结果可能出乎意料,表达式中竟然含有无理数:

$$F_n=\frac{1}{\sqrt{5}}\left[\left(\frac{1+\sqrt{5}}{2}\right)^n-\left(\frac{1-\sqrt{5}}{2}\right)^n\right]$$

实际上根据递推公式可以迅速求出$x_n=F_n/F_{n+1}$的极限为黄金分割数0.618。递推式两侧除以$F_n$有

$$\frac{1}{x_n}=1+x_{n-1}$$

当$n$趋于无穷大时,$x_n$与$x_{n-1}$的极限相等,所以有

$$1=x(1+x)$$

解此方程得

$$x=\frac{-1\pm\sqrt{5}}{2}$$

舍去负值有

$$x=\xi=\frac{\sqrt{5}-1}{2}$$

从逼近的角度看,存在无穷多个与$\xi$等价的无理数。一切与$\xi$等价的无理数连分数展开式在最后都有与$\xi$相同的循环节,即都有无数个1在循环。

浑沌研究通过法里序列、连分数、无理数逼近理论等与数学中的皇后——数论发生了密切关联,特别是与丢番图逼近(Diophantine approximation)联系紧密。一位活跃于浑沌动力学领域的数学物理学家斯维丹诺维奇(P. Cvitanovic)说过:“我主要参考哈代(G. H. Hardy)和莱特(E.M. Wright)的著作。”这两位数论专家写的《数论导引》是数论方面的“圣经”,如今也成了浑沌学家的必读书。

“法里序列”不同于法里树。法里序列构成规则为:满足上面所述“加和”关系,并且第$n$行真分数由所有分母小于或等于$n$的真分数组成。可

以从法里树中去掉分母大于 $n$ 的分数直接得到法里序列。

$F_1$:$\frac{0}{1}$,$\frac{1}{1}$

$F_2$:$\frac{0}{1}$,$\frac{1}{2}$,$\frac{1}{1}$

$F_3$:$\frac{0}{1}$,$\frac{1}{3}$,$\frac{1}{2}$,$\frac{2}{3}$,$\frac{1}{1}$

$F_4$:$\frac{0}{1}$,$\frac{1}{4}$,$\frac{1}{3}$,$\frac{1}{2}$,$\frac{2}{3}$,$\frac{3}{4}$,$\frac{1}{1}$

$F_5$:$\frac{0}{1}$,$\frac{1}{5}$,$\frac{1}{4}$,$\frac{1}{3}$,$\frac{2}{5}$,$\frac{1}{2}$,$\frac{3}{5}$,$\frac{2}{3}$,$\frac{3}{4}$,$\frac{4}{5}$,$\frac{1}{1}$

$F_6$:$\frac{0}{1}$,$\frac{1}{6}$,$\frac{1}{5}$,$\frac{1}{4}$,$\frac{1}{3}$,$\frac{2}{5}$,$\frac{1}{2}$,$\frac{3}{5}$,$\frac{2}{3}$,$\frac{3}{4}$,$\frac{4}{5}$,$\frac{5}{6}$,$\frac{1}{1}$

……

对于 $F_1$,序列有 0 项;对于 $F_2$,序列 1 项;对于 $F_3$,序列有 3 项;对于 $F_4$,序列有 5 项;对于 $F_5$,序列有 9 项;对于 $F_6$,序列有 11 项;对于 $F_7$,序列有 17 项。对于 $F_{100}$,序列有 3 043 项。任意给定一个整数 $n$,则 $F_n$ 所具有的法里序列项数很难直接求得。不过,数论专家已猜测到项数趋于 $3n^2/\pi^2$. 对于 $n$=100,则 $3n^2/\pi^2$=3 039.635 5…,很接近 3 043。

以圆映射为例,横坐标记 $\Omega$,纵坐标记耦合强度 $K$(见图 5-6),这些舌头尖朝下。舌头排列顺序严格满足法里树关系。由于分母大的锁相(共振)难以观察到,也可以用法里序列近似表示。

随着 $K$ 的增大,舌头变宽。这就是说当耦合强度增加时,共振区增加了,当 $K$ 增大到 1 时,共振区相重叠,系统出现浑沌运动。



## 5.7 锁不住则浑沌

由阿诺德舌头可以推测非线性耦合振子系统通向浑沌的道路。

由图 5-7 可见,通向共振重叠有三种方式,代表了通向浑沌的三种道路。世上究竟一共有多少种通向浑沌的道路呢?不清楚。可以说条条道路通浑沌。我们仅从阿诺德舌头考虑。

当$K$变大时舌头变宽（共振区变宽），表面上好像周期运动所占的区域增加了，实际上运动的不稳定性增加了，为全局出现非周期运动创造了条件。对于每一个舌头而言，在很大的范围内系统都松松垮垮地做着同一种周期运动，一种周期运动接近另外一种周期运动，邻近周期运动偶尔相互“反串”，即跳到其他周期运动模式。尽管已出现反串现象，开始时这些运动还表现为周期运动。通过共振重叠区时，系统各种周期运动连成一片，系统有所有可能的周期运动，但系统并不做周期运动！这就出现了浑沌运动——一种特殊的非周期运动。由此可见“浑沌系统”与“浑沌运动”是有区别的，“浑沌系统”包含非周期运动，同时也包含各种周期运动的可能性，而浑沌运动只指具体的那种非周期运动。

浑沌系统中周期运动轨道与浑沌运动轨道是交织在一起的，周期运动轨道为浑沌轨道提供骨架，因而研究浑沌系统的周期运动轨道也是研究浑沌系统的一个重要部分。

图5-7中白色区代表拟周期区，当参数$(\Omega, W)$处于这样的区域时，系统作拟周期运动——一种非周期运动。画斜线的区域代表共振区（或叫锁相区），当参数处于这样的区域时，系统做各种周期运动。图上画出了$a$、$b$和$c$三条途径。

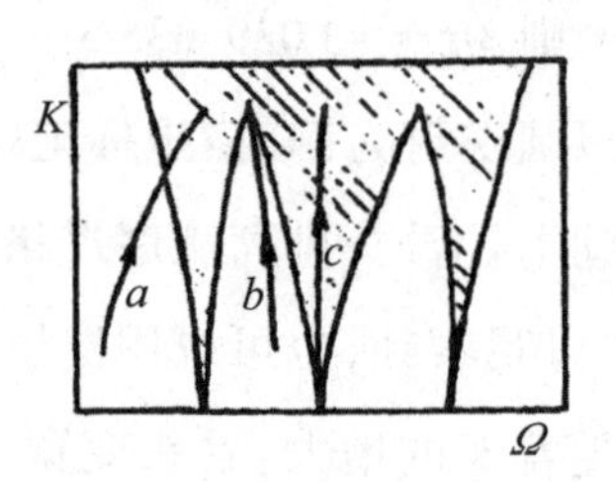

图5-7　通向共振重叠的三种方式

$a$线表示由拟周期→周期→重叠区→浑沌；

$b$线表示由拟周期→重叠区→浑沌；

$c$线表示由周期区→重叠区→浑沌。

其中由周期区到共振重叠区，一般都伴随着周期加倍分岔（bifurcation）过程，周期越来越大，最后通向浑沌。

# 5.8　朱照宣思维实验

北京大学朱照宣教授讲课举了一个思维实验(gedanken experiment)可用来说明耦合振子的锁相问题。另外此模型与生理节律研究中的累积-发放(integrate and fire)模型有一定类似性,同样能说明许多生理学问题。

设有一理想的水龙头在滴水,经过无量纲化处理,水滴质量$m(t)$随时间的变化用一条45度斜线表示(图5-8),水滴质量增大到1时自动脱落。可以把此滴水系统看作张弛(relaxation)型的自振系统。在生理系统中$m$相当于活动度(activity),它随时间而上升,直到产生一事件的阈值,然后立即回落到第二个较低的阈值。在这里,高阈值为1,低阈值为0。

现在对龙头进行周期击打:令$T$表示周期,$f$表示频率。打击强度$\mu$也作无量纲化处理。设打击周期与水滴自振周期之比为$\lambda=T$(打)$/T$(自)$=f$(自)$/f$(打),每一次的打击强度为$\mu$,当然$\mu$小于1。在图5-8上,打击强度线用粗线表示。如果打击线与水滴自振线相交,表示水滴未长满就被击中,设击中后小水滴下落,然后水滴从0重新开始生长。对于生理系统而言,外界的周期打击相当于外部信号周期刺激该系统。

如果打击强度$\mu$加上水滴质量$m(t)$小于1,即$\mu + m(t)<1$,则表示没有打中水滴。假设小水滴受此击打后不产生影响,继续沿45度线增加质量;直到下次被击中落下,或者质量到达1后自然脱落。现在有两个参量$\lambda$和$\mu$,我们考虑参量$(\lambda,\mu)$与锁相(同步)的关系,在参数平面$(\lambda,\mu)$上考虑问题。

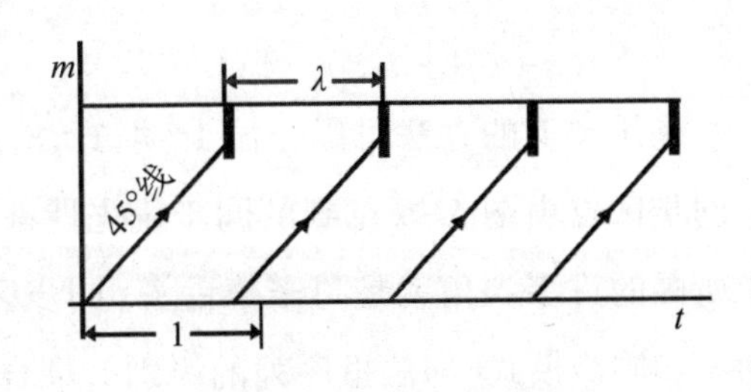

图5-8　龙头滴水思维实验

如果每打击一下,水滴正好掉下一滴,则有所谓的1:1同步。参量所满足的条

件为

$$\begin{cases}\lambda < 1\\ \lambda+\mu > 1\end{cases}$$

满足这样条件的参数处于图5–9右上方最大的三角形区域 $AMB$。

如果每打击两下就掉下一滴水，则有1∶2同步关系。此时参量满足的条件为

$$\begin{cases}\lambda < 1/2\\ 2\lambda+\mu > 1\\ \lambda+\mu < 1\end{cases}$$

附加后一个条件 $\lambda+\mu<1$ 的意思是保证打击一下时，水滴未被击中。这叫作1∶1共振（同步）具有优先性。将这三个条件在 $(\lambda,\mu)$ 平面画出就得到三角形 $DCB$。

如果每打击三下就掉下一滴水，则有1∶3同步。此时参量满足的条件为

$$\begin{cases}\lambda < 1/3\\ 3\lambda+\mu > 1\\ 2\lambda+\mu < 1\end{cases}$$

这样就得到1∶3同步区，即三角形 $FEB$。上面提到1∶1同步优先于1∶2同步；同样，1∶2同步也优先于1∶3同步。类似地，2∶3同步优先于3∶5同步。

一般说来，$p:q$ 同步代表打击 $q$ 次，掉下 $p$ 滴水。其中 $p$ 与 $q$ 互素，并且 $p$ 小于 $q$. 条件为

$$\begin{cases}\lambda < p/q\\ q\lambda+\mu > p\\ (q-1)\lambda+\mu < p\end{cases}$$

采用类似的办法可以得出1∶4，1∶6，2∶3，3∶5，3∶4，4∶5，5∶6，等等同步区。由图5–9见到的同步优先性都可以通过法里树推断出来。图中所画的许多尖角就是阿诺德舌头。同步区宽度依赖于耦合强度（在这里为 $\mu$）和同步模式（即法里序列的级别），耦合强度小时，舌头较窄，法里序列

级别越高($q$ 值较大),舌头也较窄。

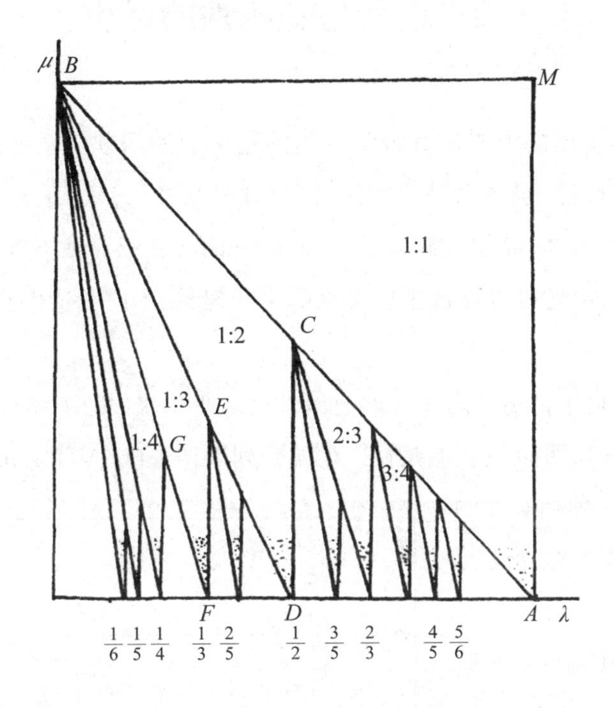


**图 5–9 龙头滴水思维实验的同步(锁相)区**

补充一点,近年来学术界比较热门的话题是"同步浑沌"(synchronized chaos)。这种"同步"与原来振动理论讲的同步含义不全相同,更接近于日常语言中"同步"的用法。浑沌运动因为是非周期运动,与之同步的运动也是非周期运动。谈同步总得涉及频率,说到同步浑沌的"频率",也是在类比的意义上使用,因为根本没有一个确切的频率,但运动仍然有节律,有步调。这时谈同步是指节律、步调相同。无疑,"节律"是比"频率"更广泛的概念。北京大学非线性中心非常关心同步浑沌问题,专门组织过讨论,研究了科学中"同步"概念的具体演变,认为需要收集更多的物理科学、生命科学同步实例,做计算机数值实验,并从数学角度发展时变线性系统稳定性理论,深入研究参数共振的本质。

## 5.9 耦合与随机性的诞生

耦合振子还能说明带有哲学性质的更一般的问题。系统的外界驱动可以是周期过程，也可以是单纯的有规律的“采样”过程。采样通常是周期采样，如频闪采样、庞加莱截面采样等等。下面将介绍一种不等距采样——幂函数采样，由这种采样过程也可以引出新现象，本质上这也是内、外耦合的结果。

必然性寓于偶然性之中并通过偶然性表现出来，但两个或多个必然性的过程相遇时，可以造就偶然性。正如普列汉诺夫(G. V. Plekhanov)所说：“偶然性是一种相对性的东西。它只会在各个必然过程的交叉点上出现。”

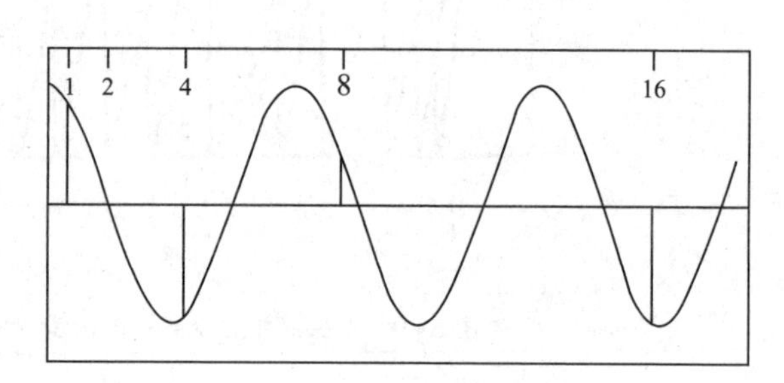

图 5-10　离散采样得到浑沌序列

设系统本身是一个简谐振子，做余弦振荡，运动方程为 $x=\cos t$. 采样过程为 $t_n=2^n t_0$，即开始时采样间隔很小，越来越大，而且以极大的速度增大。这两种事件结合起来(耦合起来)就会出现新事物。耦合的结果是得到一个采样序列 $\{x_n\}=\{x_0,x_1,x_2,x_3,\cdots,x_n,\cdots\}$，我们想知道此序列的特性。两者结合起来满足的方程为 $x_n=\cos(2^n t_0)$，它相当于

$$\begin{cases} x_n=cos(t_n) \\ t_n=2^n t_0 \end{cases}$$

序列 $\{x_n\}$ 的元素必然是大于等于−1、小于等于1的实数，因为 $|\cos t|\leqslant 1$. 前几项为：

$$x_0=\cos t_0$$

$$x_1=\cos(2t_0)$$

$x_2 = \cos(4t_0)$

$x_3 = \cos(8t_0), \cdots$

由图5-10可见，不论对于什么样的初始条件$t_0$，采样的结果都十分难把握，虽然只要给定$n$我们就可以确定性地写出这一项是什么。对于任意的$t_0$，迭代都几乎确定地遍历相空间$[-1,1]$。

这就是确定性过程生成随机性过程的一个例子。本质上浑沌就是确定性的随机性。

## 5.10　与时代脉搏共振

耦合创造节律一章末了，我们想引出类似“内部时间”的遐想。

个体有个体的发生、发展规律，集体也有集体的发育、壮大节奏，国家更有国家的起步、腾飞韵律——时代主旋律。

不同层次的运动相互制约，无数子系统的协同与竞争造就了少数几个“序参量”(order parameters)。序参量纯粹是由下层子系统产生的，但它不属于下层，它们是指挥棒，序参量的协同与竞争指挥着整个系统的宏观演化。序参量中的“序”(order)一词既有“秩序”“模式”之义，也有“命令”之义。

时代在跳动，不管个人、企业是否感觉到。

滚滚洪流，顺之者昌，逆之者亡。

换成非线性动力学的语言就是，由于种种原因，一个国家、一个民族的发展不是直线式的，整体上表现为一定的韵律，似乎具有一定的“振动频率”。这个事实是客观的，不是某个人所能左右的。在最终意义上它表现广大人民的努力和意志，也是国际形势综合作用的结果。宏观形势与子系统的关系表现为整体与部分的关系，作为整体的外场也有一定的“势能”。

个人利益和集体利益，集体利益和国家、民族利益，只有以某种巧妙的方式耦合起来，形成简单的“锁相”关系，社会大系统才能协调发展，作为子系统的个人和集体也才能找到生存空间，更好地定位。

即使在同一层次，处理人与人之间的关系也可以借鉴耦合非线性振子的理论，这时不一定要区分出哪一个是驱动者哪一个是受迫者，耦合的结果可能是第三个“频率”。“团结就是力量”是个很好的口号，“通过耦合达到同步共振”则提供了具体实践的一种机制。大陆与香港、大陆与台湾搞“一国两制”，也可从耦合振子中得到启示，此问题留给读者思考。说到大处，正确处理国与国、国与地区、发达国家与发展中国家、东方与西方等国际关系，建立世界新秩序，也可利用耦合非线性振子的结论。

子系统的步调与社会进步的步调达到共振，子系统的价值才得到最大实现；否则子系统节奏、目标与环境节奏、目标相悖，自己就会始终感到世风日下、形势恶劣。长此以往个人或小集体生活在与时代精神相左的氛围里，必然精神压抑、扭曲，闷闷不乐，以致看破红尘，无所作为。

大系统步伐放慢了，而子系统仍然阔步前进，就产生不和谐；大系统步伐加快了，而子系统仍然蜗牛般前进，也必然产生不和谐。所谓“左”与“右”的错误，就在于没有把握好节奏。当发现自己快了，就应主动放慢；当发现自己慢了，就应主动加速。有人叫“识时务”，实际上是“同步化”。这与无所作为是两回事。

非线性耦合振子理论给人们的一个启示是：不在乎初始立场（相当于“相位”）如何，不在乎个人能量（相当于“振幅”）如何，只要找到一个恰当的耦合方式，与大系统锁定到某一振动方式上，就会心情舒畅地投入到轰轰烈烈的改革开放大潮中，就会对社会进步的“合力”有所贡献；否则不但无贡献，还会作为“反方向的力”，拖社会进步的后腿。

弄潮儿无一不是精通水性的勇士。

从更高的层次看，个体、集体行为也成就序参量，也是最终的建序者，这便是“人民群众是历史创造者”的含义。与时代脉搏共振并未蔑视个体、集体的主观能动性。只有找到一种合适的办法生存下去，然后因势利导，才能成就事业，为国家为民族进步贡献力量。

# 第 6 章　非线性麻雀

从混沌的理论中我们得到了什么新观念呢？我想至少有这样几点是比较突出的：①简单方程式的解可以是很复杂的；②支配复杂现象的数理模型也许是简单的；③复杂现象的规律具有某些普适性，它们与系统的细节无关。

——赵凯华

浑沌理论谈了两个问题。第一，像天气这样的复杂系统也具有潜在的规律性。第二，它的对立面——简单的系统也可能出现复杂行为。

——马尔科姆，《侏罗纪公园》

## 6.1　中学数学中的抛物线

麻雀虽小，五脏俱全。

在非线性科学中也有一只典型的麻雀——Logistic 方程，它是一维差分方程，也叫一维迭代，或一维映射(map)。欲了解浑沌，常常直接从解剖这只麻雀入手。

非线性系统至少含一个非线性项，什么样的非线性项最简单呢？当然是二次项，如 $x^2$ 和 $xy$ 之类，相比之下 $x^2$ 更简单些。Logistic 方程是只含有 $x^2$ 这样的非线性项的最简单非线性系统。Logistic 方程的表达式常有两种具体形式：

$$x_{n+1}=1-\mu x_n^2$$

$$x_{n+1}=ax_n(1-x_n)$$

首先应当说的是，这两种形式是等价的。对于第一式，通常的取值范围是 $x\in[-1,1]$，$\mu\in[0,2]$。对于第二式通常的取值范围是 $x\in[0,1]$，$a\in[0,4]$。当然，$a$ 取负值也可以。

不要被小小的公式吓住，Logistic方程一点也不难，表面上完全是初中数学的内容。在中学人们都学过抛物线方程 $y=1-\mu x^2$ 或 $y=ax(1-x)$，它们的图像也很简单（图 6-1）。注意，图中我们画出了平分第Ⅰ象限和第Ⅲ象限的45°角分线，这条线对于后面要提到的“迭代”十分重要。

上述方程中的$\mu$和$a$叫作系统的参数，当参数给定时，系统的行为只依赖于初始条件。在本章中我们最关心的是，当参数改变时，系统的迭代行为发生怎样的变化。参数$\mu$或 $a$ 是有明确物理含义的，结合具体系统可作具体的解释。数学家一般不关心参数的物理含义。明确讲数学家只关心过程和结构。

从一维迭代讨论浑沌有一个好处：不需要太高深的数学知识，就能看到非线性系统的许多非平凡行为。也有不利的方面，对浑沌不以为然的人会认为浑沌研究是一些无关宏旨的数学游戏，完全是数字把戏，没有什么物理背景。后一种看法有一定道理，但从根本上看是完全错误的。

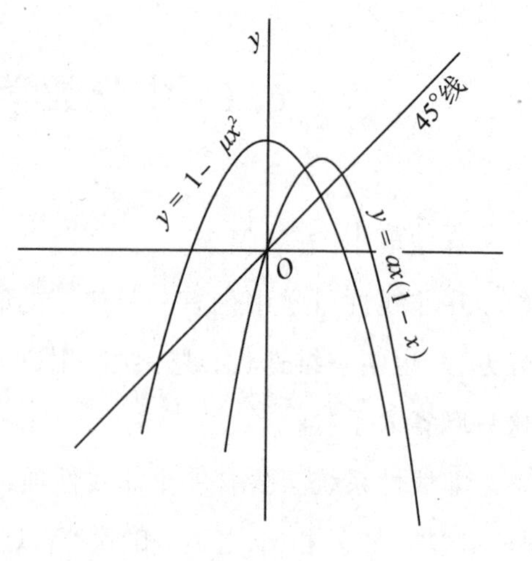

图 6-1　抛物线图像

一维映射是类似于近、现代科学中许许多多理想模型的一种新的理想模型，有重要的科学内容和科学方法论含义。不理解这一点就未真正理解科学和科学方法。郝柏林曾将一维映射与二体问题模型、布朗运动模型相并列，用以说明经典自然科学的三次飞跃。研究二体运动揭示了确定论范式(paradigm)，研究布朗运动揭示了随机论范式，研究一维映射则揭示了复杂系统的浑沌论范式——确定论与随机论相结合的综合范式。

说得弱一些，研究一维映射和当年研究理想气体、理想溶液、理想流体、稳恒电流、完全弹性碰撞、无摩擦摆、准静态过程、可逆循环等一样重要。

实质上一维映射不是简单的，萨柯夫斯基(A.N.Sharkovskii)对此进行了二十多年的研究，有人为此写下几百页的专著，十多年来为此而在国际一流学术刊物上发表的研究论文和评论不下二百篇。从一维 Logistic 映射进入非线性动力学的腹地，这是一个由简单性通向复杂性的道路，那里有一个人们未曾想象得到的奇异王国，只有用现代科学武装好的头脑才能真正理解其中的科学美。普通的艺术美没有经过专门训练的普通人也能欣赏，当然也有程度之分；而科学美是与科学实在性紧密联系的，不能理解抽象的科学实在世界，就不能体验到科学美。何谓"科学实在"？说来话长，简单说，科学实在是与物理世界事实存在一样真实的存在，如数学圆、芒德勃罗集合、超弦空间、五维空间上的球、实数连续统的绵延性。有人会说，它们确实不存在，然而科学家(包括数学家)会更有理由地说它们就在那里，难道不存在吗？这样的讨论永远不会结束，否则哲学家就会失业。不过，此问题还是值得"适当"思考一下的。



## 6.2 麻雀的骨架

介绍 Logistic 映射动力学随着参数的变化行为一般是一步一步来，先讲周期倍分岔，再讲分岔精细结构。我们倒过来做，先给出"骨架"，使初学者先有一个整体印象，然后再做局部分析。许多学生问常见的分岔骨架图是怎样做出来的，这里将详细讲解。

Logistic 映射是一维的，是说其相空间是一维。迭代次数 $n$ 相当于离散时间，由初始值 $x_0$ 出发，随着 $n$ 的增大，会得到一个迭代序列

$$x_0, x_1, x_2, \cdots, x_n,$$

这些点就叫相点。系统开始时一般要经过暂态过程，好比合上电闸一瞬间，暂态是一种过渡状态，表明系统没有镇定下来。注意这里的“镇定”(steady)一词与非线性动力学中讲的“稳定”(stable)不同。确切说应当叫作“定常态”。“定常态”(简称“定态”)指系统经过暂时的过渡态后进入能代表系统自身特性的一般运动状态。

我们在纵轴上只记录 $x_n$ 的定常态(不理会暂态点)，在横轴上记录参数，所以这种图不是简单的相空间图，而是相空间与参数空间的“乘积空间”图。要注意的是只在一维系统中才能详细地研究相空间与参数空间的乘积空间中的行为，对于高维系统这几乎不可能。所以对于一维映射科学家们可以利用解剖刀做细致的研究。

定常态不一定是一个点，定常态可以有许多点，甚至无数个点。在连续系统中，只有一个点的定态叫不动点(或平衡点)，代表周期运动的极限环上有无数个定态点，拟周期运动也有无数个定态点。在现在讨论的离散系统中，不动点还是一个点，周期运动则是有确定数目的有限个点，如周期 4 运动就有 4 个不同的点，周期 5 就有 5 个不同的点。非周期运动则有无数个点。

到此为止还没有提到参数变化。以 $x_{n+1}=1-\mu x_n^2$ 为例，当参数 $\mu$ 固定时，系统的相点位于一条垂直于横轴的直线上，虽然可能只是其中的一个点或几个点。所有暂态点当然也位于这样的直线上。上面提到只记录定态点，理由是在这里定态点比暂态更重要，如果什么都记录下来，就会喧宾夺主，看不清分岔骨架。这样讲并不意味着暂态无所谓，事实上有人专门研究暂态，暂态在工程上也有十分重要的意义，这是另一回事，我们不讲。

作图的基本东西都交代了，还有一个小问题：初始值的选取。只要做

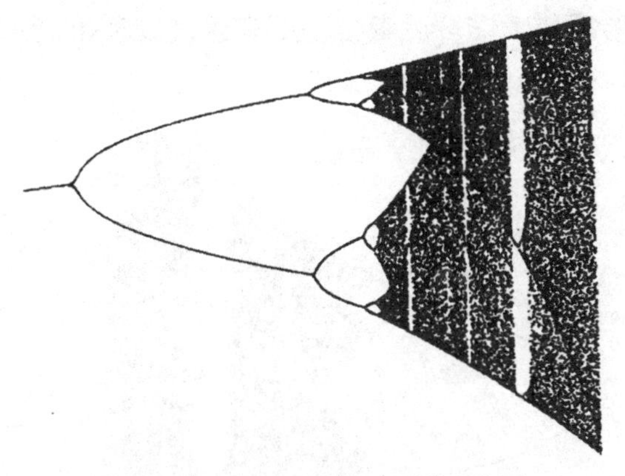

图 6–2　Logistic 映射$x_{n+1}=ax(1-x_n)$的分岔图

一下计算机实验就知道这不是个麻烦事，可以从 0 到 1 之间的数中任取一个作初始值，计算出来的结果没有本质不同。但是不要忘记这是从“物理”的角度看，计算机实验也属于“物理”，因为计算机是机器。为什么？下文交代。

两种形式的 Logistic 映射分岔图分别见图 6–2 和图 6–3。噢，你看到了，它们很不相同。再看看，它们真的不同吗？对了，有些相同。不是有些相同，而是非常相似。再看细些。你弄明白了，它们完全一样。

开始你看到不同，这是测度上的不同。最后你看到相同，这是拓扑上的相同。测度性质与拓扑性质是两种重要的但不同的性质。有时只考虑

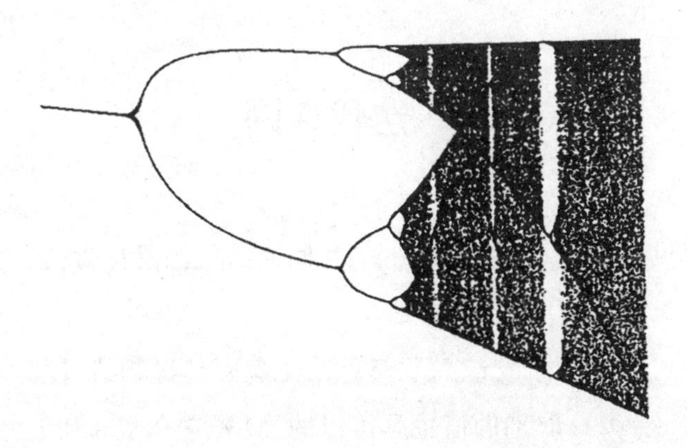

图 6–3　Logistic 映射$x_{n+1}=1-\mu x_n^2$的分岔图

其中的一种,有时都要考虑。后者也许更有趣,它表达的是结构!

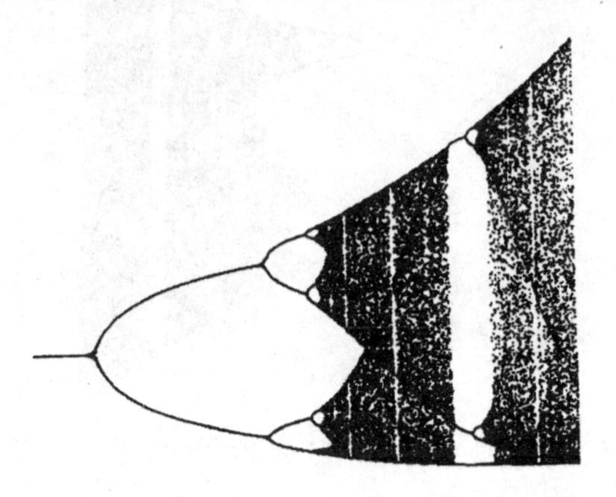

图 6-4　一维映射$x_{n+1}=x_n\exp[\delta(1-x_n)]$的分岔图

我告诉你,非但这两种形式的映射结构一样,还有无数种形式的映射分岔图也与它们完全一样。这叫普适结构。再举两个例子:

$$x_{n+1}=b\sin(\pi x_n)$$

$$x_{n+1}=x_n\exp[\delta(1-x_n)]$$

后者的分岔结构图见图 6-4。我告诉你一个小秘密,也许你早已猜测到了,在区间$J$上只要右端的函数的泰勒(B. Taylor)展开式中含有 2 次项,它们的迭代就有类似的结构。这样的映射在区间$J$上是单峰的(unimodal),即只有一个最大值。

## 6.3　迭代蛛网

为明确起见我们以$x_{n+1}=ax_n(1-x_n)$为例谈迭代的具体做法,考虑的参数范围是$a\in[0,4]$。

纵坐标记$x_{n+1}$,横坐标记$x_n$,只须考虑第 I 象限的抛物线,注意 45°角分线。取初始值$x_0=0.1$,取别的值也是可以的,只要它介于 0 和 1 之间。

迭代过程得到序列$x_0,x_1,x_2,x_3,x_4,\cdots$。看图 6-5,从几何角度看,不需要具体计算，可以一步一步画出迭代过程，由 $x_0$ 如何得到 $x_1$ 和 $x_2$ 呢？首先由初始点 $R(x_0, 0)$ 作纵轴平行线，找到与抛物线的交点 $A(x_0,x_1)$，$A$ 的纵坐标就是 $x_1$。由点 $A(x_0,x_1)$ 作水平直线，求它与 45°线的交点 $B(x_1, x_1)$，经 $B$ 点再作纵轴的平行线，求得与抛物线的交点 $C(x_1, x_2)$，这样就得到 $x_2$ 了。仿此做法可得到所有迭代点。这一套说起来麻烦，做起来十分简单。我们以下的作图都是用微机完成的，你自己可以试试，非常简单，也很好玩。

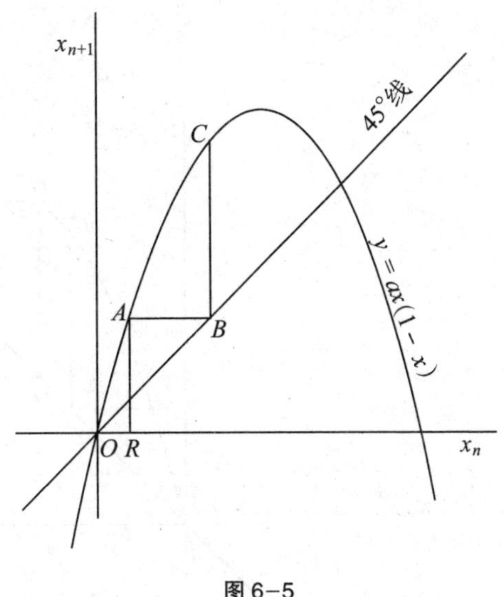


图 6–5

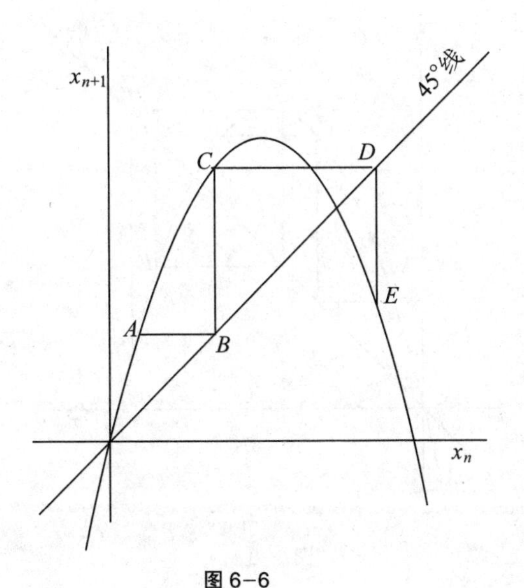


图 6–6

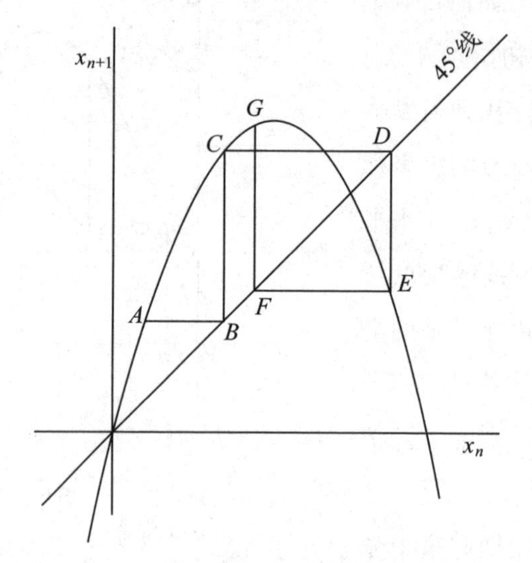


图 6–7

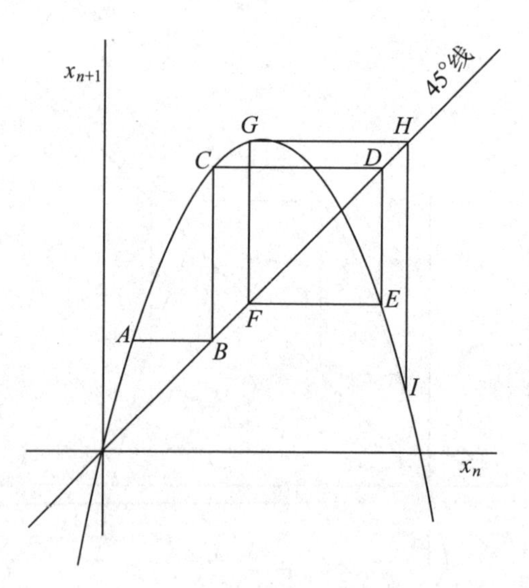


图 6–8

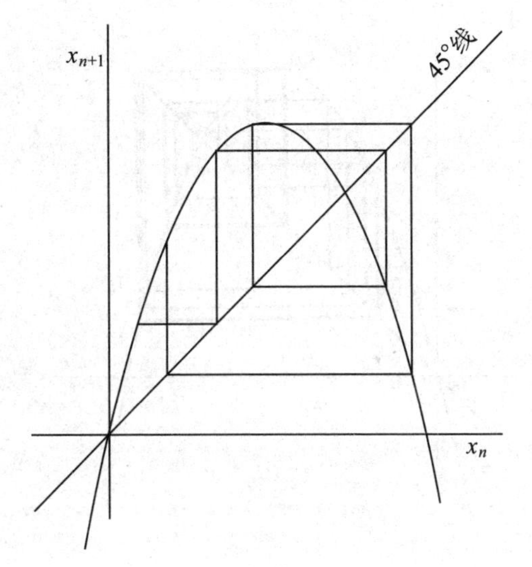


图 6-9

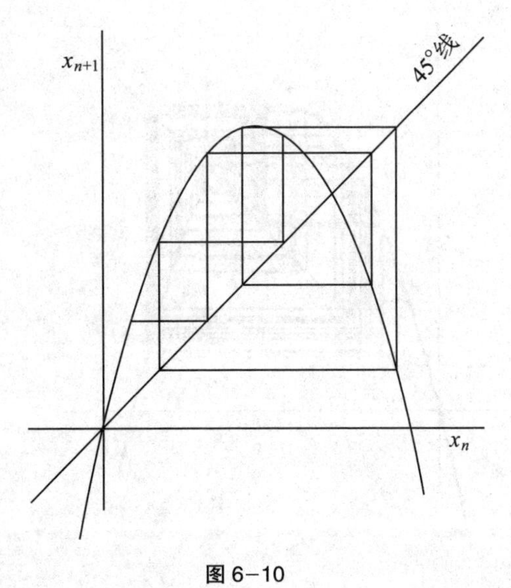


图 6-10

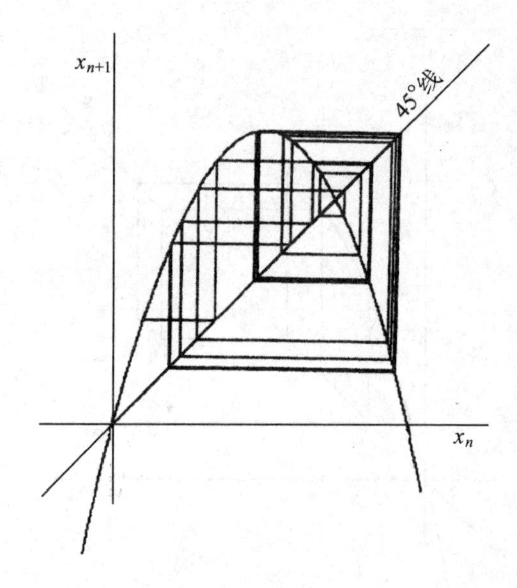


图 6-11　一维 Logistic 映射迭代 19 次的全过程

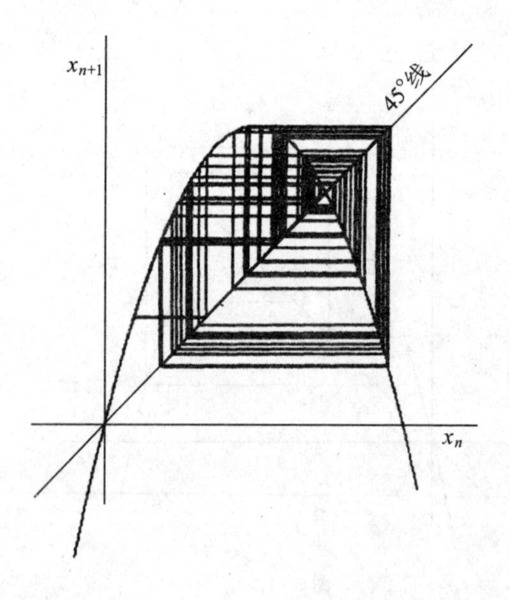


图 6-12　一维 Logistic 映射迭代 70 次的全过程

迭代过程前6步见图6-5～图6-10。图6-11是迭代19次的结果，图6-12是迭代70次的结果。这种迭代过程就像蜘蛛织网一样，所以也叫迭代蛛网。在经济学中也有蛛网模型。学过经济学的人不妨再思考一下，那里讲的迭代是否缺少了什么？是否漏掉了最重要的情形？

下面的源程序是作者用PASCAL 6.0编写的，为清晰起见没有考虑优化问题（现在的微机速度很快，在这里根本不存在计算量的问题），你可以把它转化成其他你熟悉的高级语言。

```
Program Log-Map-Iter-Huajie-1995;
uses Graph, Crt;
var
  x, y, a: real;
  Gd, Gm, n, m, YO, XO, coefx, coefy,
      XX, YY, YYY;integer;
begin
  Gd: =VGA;{设置图形方式}
  Gm: =VGAHi;
  InitGraph(Gd, Gm, 'D:\PASCAL');{图形初始化}
  if GraphResult <> grOK then Halt(1);{测试}
  coefx: =200;coefy: =200;{放大系数}
  XO: =150;YO: =370;{选取屏幕坐标原点}
    {以下三行画坐标轴和45°直线}
  line(XO-50, YO, XO+100*coefx div 80, YO);
  line(XO, YO+50, XO, YO-100*coefy div 80);
  line(XO-50, YO+50, XO+90*coefx div 80,
          YO-90*coefy div 80);
  a: =3.8;x: =-0.1;{取参数，准备画抛物线曲线}
  while x<1.05 do
```

```
begin
   n:=n+l;
   x: =x+0. 001;
   y: =a*x* (1-x);
   PutPixel(round(x*coefx)+XO,
              YO-round(y*coefy), 15);
end;{抛物线画完,准备具体迭代}
x: =0.1;{任取一个初始点}
m: =0;
while m<19 do {设置迭代次数}
begin
   m: =m+1;
   y: =a*x*(1-x);{计算 x1 的值}
   XX: =round(x*coefx);{放大后取整}
   YY: =round(y*coefy);
   line(XX+XO, YO-YY, YY+XO, YO-YY);{连水平线段}
   x: =Y;{为下一次迭代作准备}
   y: =a*x* (1-x);{求 x2 的值}
   YYY: =round(y*coefy);{准备连垂直线段}
   line(YY+XO, YO-YY, YY+XO, YO-YYY);
   end;{重复以上过程}
readln;
CloseGraph;{关闭图形方式}
end.
```

## 6.4 周期加倍

Logistic方程的参数从0增大到4的过程中，系统的定态行为会发生哪些变化呢？最重要的是分岔(bifurcation)。

当 $a$ 大于0小于1时，可以验证，系统中有一个稳定定态点0。从图6-13可以看出，在区间(0, 3)上，当参数取定时，纵轴上只有一个点。参数变化时，纵轴上的点连续变化。但要记住，图中有一个定态点，并不意味着此时只有一个不动点。实际上有两个，一个是0，一个是 $1-1/a$，我们来证明这一点。

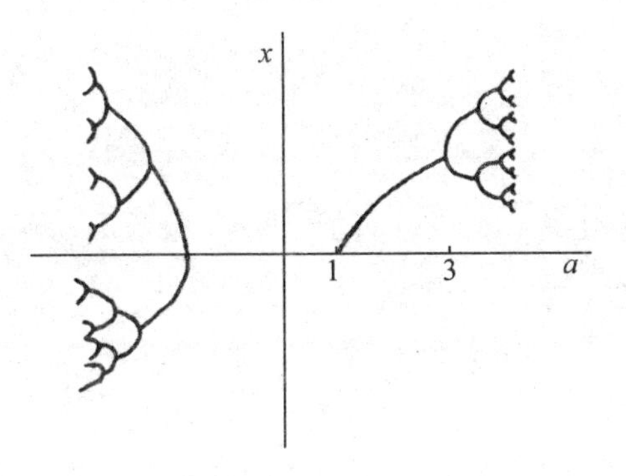


图 6-13 Logistic 映射 $x_{n+1}=ax_n(1-x_n)$ 分岔图结构。注意，当参数 $a$ 为负值时，也有周期倍化分岔。

所谓不动点，是指迭代到一定程度，$x_n=x_{n+1}=x_{n+2}=\cdots$，所以有

$$\xi=a\xi(1-\xi)$$

处理后有

$$\xi(1-a-a\xi)=0$$

解得

$$\xi_1=0, \quad \xi_2=1-\frac{1}{a}$$

这就是两个不动点。其中一个稳定，另一个不稳定。不稳定的不动点物理上看不到，计算机计算的图形上也就没有显示出来，但数学上是存在的。

不动点的稳定性可以简单地加以判定。如果这一点的斜率的绝对值小于1，则此不动点是稳定的；如果斜率的绝对值大于1，则此不动点是不

稳定的。斜率等于 ± 1 时是中性的。用$\lambda$表示不动点$\xi$的乘子(multiplier)

$$\lambda=\left|\frac{\mathrm{d}f}{\mathrm{d}x}\right|=|f'(\xi)|$$

应当注意的是,不动点不一定是一个。上式可以推广到周期点情形。设$f^1$,$f^2$,…,$f^n$分别表示函数$f$的1次、2次、3次、…、$n$次迭代。设映射$f$有$m$周期点,则$f$的$m$周期点相当于$f^m$的不动点。

映射$f$的$m$周期点的稳定性由乘子

$$\lambda=\left|\frac{\mathrm{d}f^m}{\mathrm{d}x}\right|=|f'(x_1)f'(x_2)f'\cdots f'(x_m)|$$
$$=\left|\prod_{i=1}^{m}f'(x_i)\right|$$

完全决定。映射$f$的周期点(包括不动点,它为周期1点)的稳定性可具体定义为:

$|\lambda|<1$, 吸引,稳定;

$|\lambda|>1$, 排斥,不稳定;

$|\lambda|=1$, 中性;

$\lambda=0$, 超稳定。

我们可以验证$0<a<1$时上面两个不动点的稳定性。

对于$\xi_1=0$,$|f'(\xi_1)|=|a-2ax|_{x=\xi_1=0}=|a|<1$,所以$\xi_1=0$是稳定的不动点。

对于$\xi_2=1-1/a$,$|f'(\xi_2)|=|a-2ax|_{x=\xi_2=1-1/a}=|2-a|>1$,所以$\xi_2=1-1/a$是不稳定的不动点。因此在(0,1)区间上,映射的稳定定态点可以用$\xi=0$描述。在(0,1)区间上,初始点可以任意选取,迭代的最终结果都是收敛到0,即当$n$较大时,$x_n=x_{n+1}=\cdots=\xi_1=0$。

我们接下去看参数$a$进一步增大时发生的情况。当$a$大于1小于3时,系统仍然有两个不动点$\xi_1=0$,$\xi_2=1-1/a$,但前一个变得不稳定了,后一个变得稳定了。系统在$a$=1处发生了分岔,这种分岔叫作跨临界(transcritical)分岔。

为什么稳定性发生了交换?可以从上面的式子看出来,当$\xi\in(1,3)$时,$|f'(\xi_1)|=|a|>1$,所以$\xi_1=0$是不稳定的不动点。$|f'(\xi_2)|=|2-a|<1$,所以$\xi_2=$

$1-1/a$ 是稳定的不动点。在区间(1,3)上,稳定不动点可以用曲线方程$\xi=1-1/a$表示。此曲线可以向左、向右延拓,但超出(1,3)区间,只能用虚线表示,因为它不再是稳定曲线,不过数学上它还是存在的。在(1,3)区间上,迭代的最终结果都收敛到 $1-1/a$ 上,即当 $n$ 较大时,"所有"迭代点都被吸引到 $\xi_2=1-1/a$ 上,即 $x_n=x_{n+1}=\cdots=\xi_2=1-1/a$。"所有"一词加上引号表明不准确,严格说应换成测度论的语言"几乎所有",因为如果初始点取为0,则不成立。以后还有这种事情,不再一一说明。在图6-14中,参数取2.7,最后得到一稳定不动点。

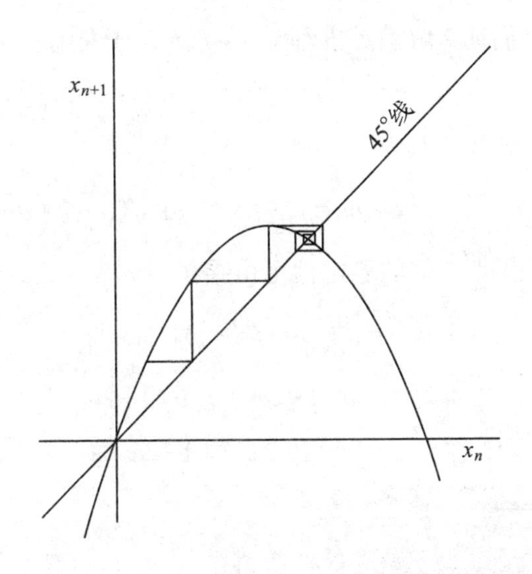


图 6-14　Logistic 映射$x_{n+1}=ax_n(1-x_n)$迭代过程,$a$=2.7时,迭代收敛到稳定不动点

当参数再增大,使得$a\in(3,1+\sqrt{6})$,则原有的两个不动点都不稳定了,系统出现了稳定的周期2解。这又是一种分岔。叫作弗利普(Flip)分岔。我们来证明原来的不动点不稳定,而新的周期解是稳定的。

由$|f'(\xi)|$容易判定原有的两个不动点失稳。所谓周期2解,是指系统的定态在两个值上来回跳动,为区别原来的不动点,以$\omega_1$和$\omega_2$代表这两个状态,于是有

$$\omega_1\to\omega_2\to\omega_1\to\omega_2\to\omega_1\to\cdots$$

它们是方程

$$x_{n+2}=x_n$$

的两个根。对于 Logistic 方程有

$$\begin{aligned}f^2&=f[f(x_n)]\\&=a^2x_n(1-x_n)[1-ax_n(1-x_n)]\end{aligned}$$

周期 2 解满足方程 $x_{n+1}=f(x_n)$，于是有

$$f^2=a^2\omega(1-\omega)[1-a\omega(1-\omega)]=\omega$$

解此方程有

$$\omega_1,\omega_2=\frac{1}{2a}[1+a\pm\sqrt{(a+1)(a-3)}]$$

周期 2 解的稳定性可由乘子

$$\lambda=\left|\frac{df^2}{dx}\right|=|f'(\omega_1)f'(\omega_2)|$$
$$=|a(1-2\omega_1)\cdot a(1-2\omega_2)|$$
$$=|a^2(1-2\omega_1)(1-2\omega_2)|$$

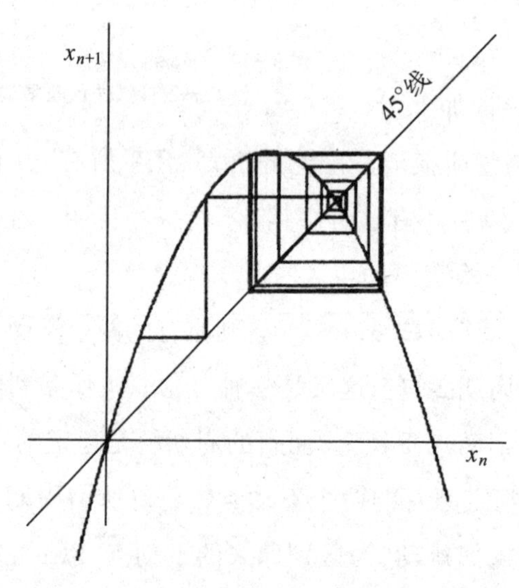


图 6-15　当$a$=3.4时，迭代收敛到稳定周期 2 解，相当于极限环

的值具体判定。读者可自己验证$\lambda<1$，结论是周期 2 解稳定。而且此时只有周期 2 解是稳定的，其他可能的解是不稳定的。对于单峰映射辛格(D. Singer)还证明了更强的结论：对于给定的参数 $a$，迭代最多只有一个稳定解。在区间$(3,1+\sqrt{6})$上，当 $n$ 增大时，$f^{2n}$收敛到$\omega_1$或$\omega_2$之一，$f^{2n+1}$则收敛到另一个值。图 6-15 中，取 $a=3.4<1+\sqrt{6}=3.449\cdots$，最后得稳定周期 2

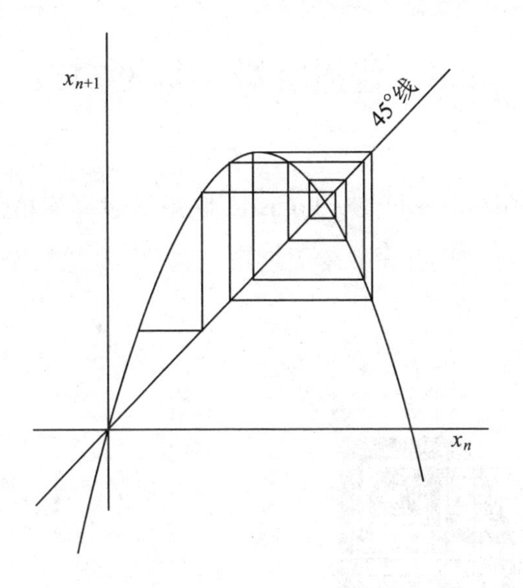


图6-16　当$a$=3.47时，迭代收敛到稳定周期4解

解，这是一个稳定的极限环。

当参数处于区间$(1+\sqrt{6}, 3.544\cdots)$时，系统出现稳定周期4解，并且原来的周期2解失稳。当参数再增加时，出现稳定周期8解，并且原来的周期4解失稳。之后可以不断出现周期16解、周期32解、周期64解、周期128解等等。周期不断加倍，形成一个分岔序列：

$$2^0,\ 2^1,\ 2^2,\ 2^3,\ 2^4,\cdots,\ 2^n,\cdots,\ 2^\infty$$

这种分岔过程叫作周期倍化(period-doublings)分岔。当$a=a_\infty=3.569\,945\,672\cdots$，系统具有$2^\infty$周期，系统具有稳定周期$2^\infty$解，即非周期解，表明系统开始进入浑沌。不过严格说在参数的这一点，系统只有遍历行为，还没有混合行为。只有混合行为才能称得上是浑沌。

小结一下，当参数从0开始增加到$a_\infty$，系统经历了两种分岔：跨临界分岔、弗利普分岔(或周期倍化分岔)。

## 6.5 普适常数与周期窗口

由图 6-2 和图 6-3 可见，Logistic 映射通过周期倍化分岔通向浑沌区，但是在浑沌区中还有无数个周期窗口，其中最宽的周期窗口为周期 3 窗口。

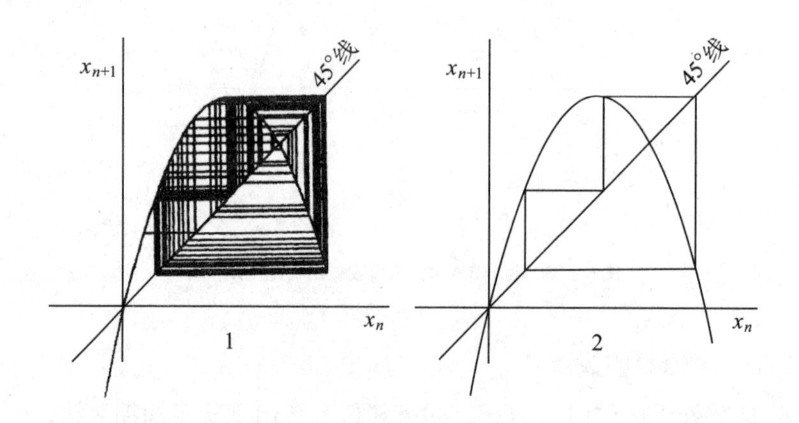


图 6-17　当$a$=3.835时，迭代收敛到稳定周期 3 解。在一维Logistic映射中周期 3 窗口是最大的窗口。1 图显示的是迭代过程，2 图显示的是最后的稳定周期 3 轨道

在周期窗口区右侧，系统又通过周期倍化再次通向浑沌。

毕业于美国康奈尔大学、工作于洛斯阿拉莫斯国立实验室的费根鲍姆（M. Feigenbaum）利用手持计算器，发现了一维映射分岔中存在普适常数$\delta$和$\alpha$。

以$\alpha_\infty$之前周期倍化通向浑沌为例：费根鲍姆发现分岔过程中，参数间距之比收敛到一个常数。以 $a_n$ 记第 $n$ 次周期倍化分岔时的参数值，有下述关系式

$$\delta=\lim_{n\to\infty}\left|\frac{a_{n-1}-a_n}{a_n-a_{n+1}}\right|=4.6692016\cdots$$

此外，从纵轴方向看：分岔结构重复出现，并且按照一定的标度缩小，当 $a_n$ 趋近 $a_\infty$时，标度因子$\alpha$成为第二个普适常数

$$\alpha = -2.502\,907\cdots$$

其中负号表示反射一下。$\alpha$的存在表明分岔过程中存在各种层次的自相似性。

更为特别的是，普适常数$\delta$和$\alpha$不但出现在第一次通向浑沌的过程中，而且对于浑沌区中周期窗口处的周期倍化分岔也同样成立。

对于周期 3 窗口应多说几句。1975 年李天岩和约克(J. Yorke)发表在《美国数学月刊》上的浑沌论文题目就叫“周期 3 蕴含浑沌”。许多人觉得似乎有些不对头。李-约克说有周期 3 就有浑沌，而我们从图 6-2、图 6-3 和图 6-4 看到周期 3 窗口处恰恰没有浑沌。其实没有矛盾，但有些概念应当澄清一下。

首先，李-约克的浑沌不讲稳定与否，在周期 3 窗口处有李-约克意义

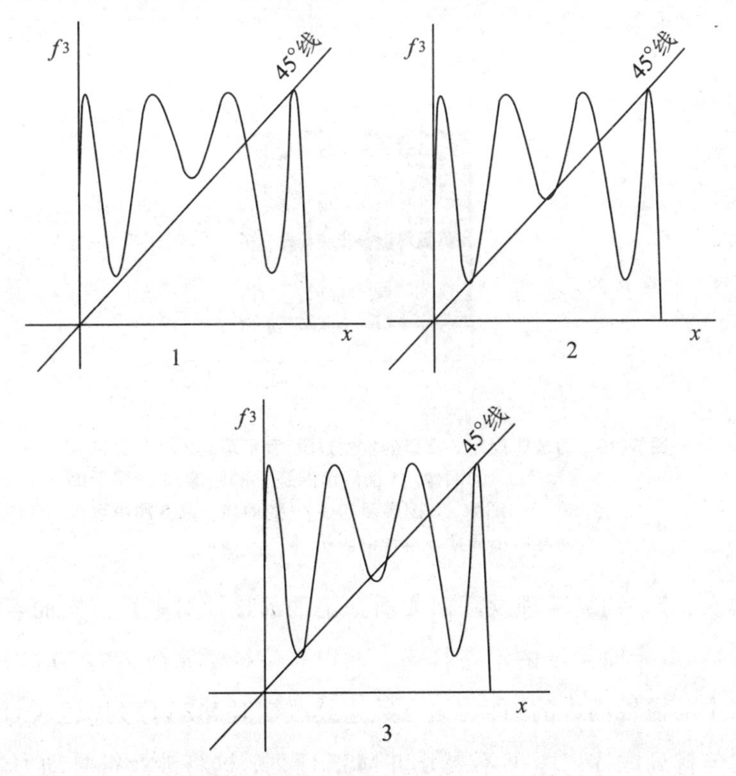


**图 6-18　在周期 3 窗口处，$f^3$ 图像从接近于 45°线相切到恰与 45°线相切，再到开始相交**

下的浑沌，但计算机图谱上见不到。数学上可以证明在周期3窗口处，当参数取某一个特定值时（比如α=3.83），系统确实有各种各样的周期轨道，而且除了周期3轨道以外其他轨道全部不稳定！这也印证了辛格定理：单峰映射最多有一条稳定周期轨道。

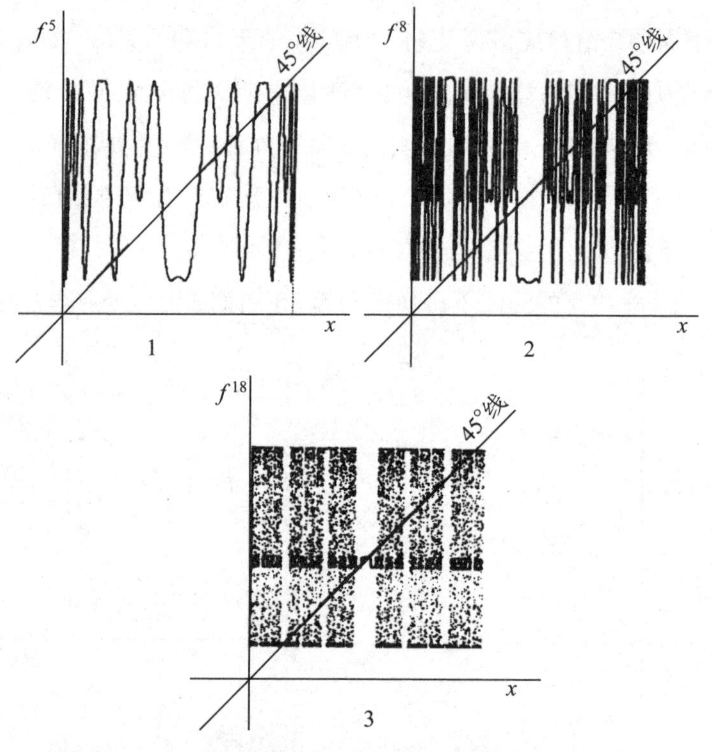


**图6-19　为理解周期3窗口的发生过程，我们取$a$=3.848，分别看$f^5$、$f^8$、$f^{18}$的图像。1图展示的是$f^5$的图像，2图展示的是$f^8$的图像，3图展示的是$f^{18}$的图像。从3图中可以明显看出周期3运动的影子**

其次，李–约克定理及萨柯夫斯基定理都是针对垂直方向而言的，即讨论参数α取定时系统的定态行为。而以三位科学家命名的MSS序列是针对图中的横轴而言的，即讨论参数连续改变时MSS序列（也叫U序列）的结构与排列顺序。本书不展开讲MSS序列，这将涉及符号动力学的一大套东西，读者可以参考郝柏林的英文专著《初等符号动力学》。

第三，在周期3窗口附近，从$f^m$的图像上可以清楚地看到“锁相”“同步”过程。我们计算了$f^{18}$的图像，如果没有计算机，想得到$f^{18}$根本不可能。在快要进入周期3窗口时，$f^{18}$的图像上已显示有锁相的迹象，到达周期3窗口时，锁相过程变成完全的同步，当向右走出窗口时，周期倍化分岔相当于锁相的反过程——周期运动变成非周期运动，可叫作“解锁”过程。

从$f^3$的图像上可以看到通过周期3窗口时，曲线$f^3$与45°线的相对关系的变化。曲线$f^3$中间部位开始一点一点靠近45°线，然后正好相切，最后越过45°线与之相交。一些文章用这种机制解释物理世界中的“阵发”（间歇）现象，其实用它解释“锁相”与“解锁”现象更合适。

## 6.6 初始条件有多少信息

Logistic映射当参数$a$取4时，系统表现得最浑沌。这时$x_{n+1}=4x_n(1-x_n)$可以解析求解，能做透彻的研究。做变量替换是可行的，设

$$x_n=\sin^2(2^n\beta\pi)$$

其中$0\leqslant\beta<1$，容易验证

$$x_{n+1}=\sin^2(2^{n+1}\beta\pi)$$

把初值中的$\beta$表示成二进制小数

$$\beta=0.b_1b_2b_3b_4b_5b_6b_7b_8b_9\cdots$$

可以方便地写出迭代结果：

$$x_0=\sin^2(2^0\beta\pi)=\sin^2(\pi\times 0.b_1b_2b_3b_4\cdots)$$

$$x_1=\sin^2(2^1\beta\pi)=\sin^2(\pi\times 0.b_2b_3b_4\cdots)$$

$$=\sin^2(\pi\times b_1+\pi\times 0.b_2b_3b_4\cdots)$$

$$=\sin^2(\pi\times 0.b_2b_3b_4\cdots)$$

$$x_2=\sin^2(2^2\beta\pi)=\sin^2(\pi\times 0.b_3b_4b_5b_6\cdots)$$

$$x_3=\sin^2(2^3\beta\pi)=\sin^2(\pi\times 0.b_4b_5b_6\cdots)$$

…

$x_n=\sin^2(\pi\times 0.b_{n+1}b_{n+2}b_{n+3})$

初始条件$x_0$通过$\beta$完全给出，假设$\beta$中有100位二进制小数，则迭代100次以后，初始信息就全部消耗干净了。如果$\beta$有200位二进制小数，迭代200次则初始信息全部消耗干净。

每迭代一次相当于损失1比特信息，这个损失率相当大。这也就是$a=4$时系统极端浑沌的原因。迭代序列的随机性最终是由初始条件值$\beta$或者与$\beta$有关的一个简单函数$x_0=\sin^2(\beta\pi)$的值的性质决定的。

而$\beta$或者$x_0$在区间(0，1)上则几乎是算法随机的。这是什么意思？这

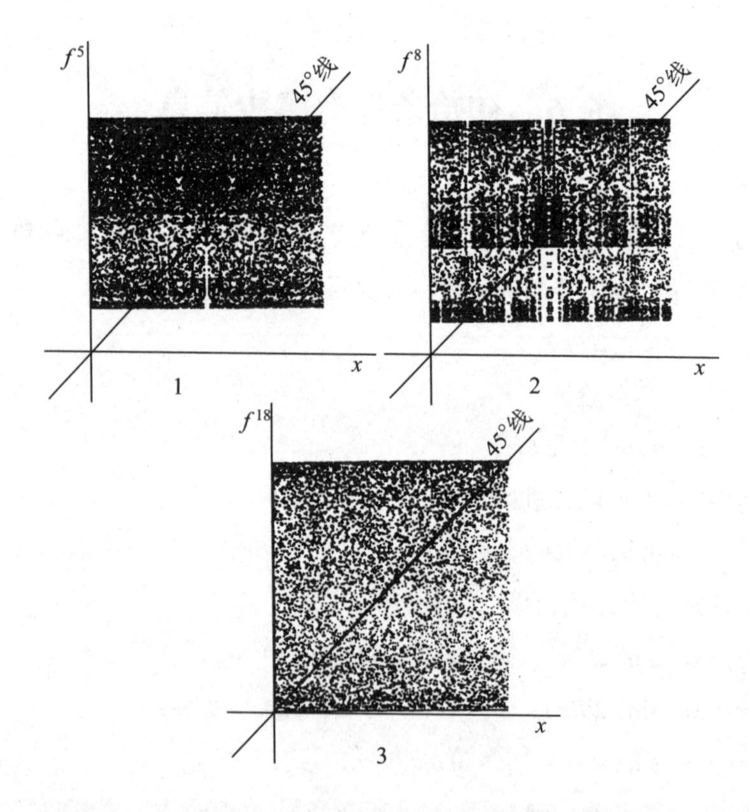


图6-20　为理解Logistic映射相空间中点的分布特征，我们看当参数$a$增加时$f^{18}$的图像。1图、2图、3图显示的分别是$a$=3.80、3.86、3.999时的$f^{18}$的图像。注意只是在3图中相点才差不多充满了整个相空间(0，1)，而且由图中可见，分布基本上是均匀的，在接近0和接近1处，相点相对集中些

是说从(0,1)中任取一个实数,此实数的小数展开式则几乎必定是信息不可压缩的,即随机的。

对于 $a$=4 的 Logistic 映射而言,迭代过程把初始条件中潜在的随机性全部实现了。人们会问,其他系统也可以具有同样性质的初始条件,为什么最终结果未表现出随机性、浑沌性?这只能从非线性来回答,确切说 $a$=4 的 Logistic 系统具有对初始条件的敏感依赖性,而其他系统可能不具有此性质,因而即使初始条件有潜在的随机性,但最后实现不了,系统仍然表现为确定性(不动点或极限环或环面)。

从 $f^m$ 的图像可以大致看出系统的遍历性质。为简单计,$m$ 取 18,当 $a$=4 时 $f^{18}$ 的图像充满了第 I 象限的正方形,表明系统状态点几乎可以抵达相空间的任何一点。而 $a$ 取别的值时,$f^m$ 明显不能充满相空间。

当 $a$=4 时还可以解析地求出 Logistic 映射的不变分布

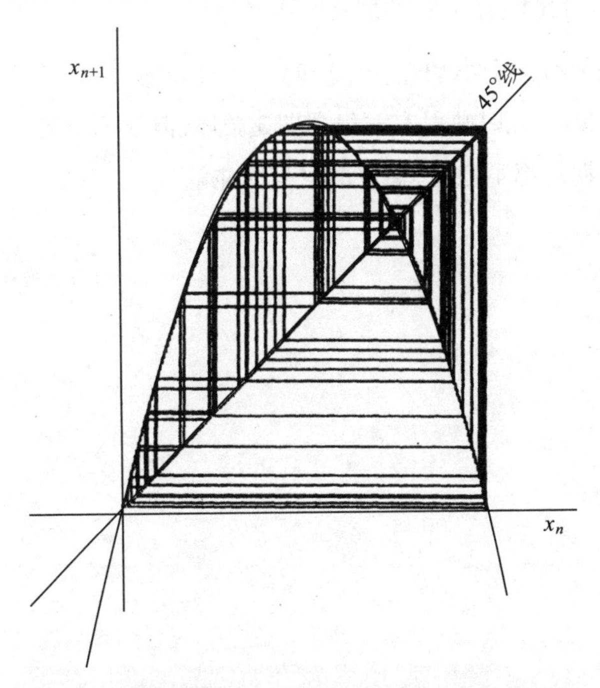


图 6–21　本图显示的是$a$=3.999时的具体迭代过程。此时系统没有稳定周期轨道,相点几乎可以通过相空间中的任何一点。此图可以与上一图相互印证

$$p(x)=\frac{1}{\pi\sqrt{x(1-x)}}$$

$$\int p(x)\mathrm{d}x=1$$

可见，相点除了充满相空间外，在区间两端出现机会更多些，$x$ 趋近 0 或 1 时 $p(x)$ 值很大。在(0,1)区间上 $p(x)$ 的图像是对称的 U 形曲线。

当 $a$=4 时 Logistic 映射可以变化成等价形式的帐篷映射(tent map)，设

$$x=\sin^2\left(\frac{\pi}{2}y\right),\quad 0\leqslant y\leqslant 1$$

则原映射变成

$$\sin^2\left(\frac{\pi}{2}y\right)\rightarrow\sin^2\left[2\left(\frac{\pi}{2}y\right)\right]$$

表示成 $y$ 的迭代关系，有

$$y_{n+1}=\begin{cases}2y_n, & 0=y_n=\frac{1}{2}\\ 2(1-y_n), & \frac{1}{2}<y_n=1\end{cases}$$

帐篷映射有两个不动点 $y=0$ 和 $y=2/3$，分别对应于原映射的不动点 $x=0$ 和 $x=3/4$。此时映射有两组周期 3 循环，但都不稳定。不但如此，系统的所有周期解都不稳定，稳定的只是浑沌解。

# 第 7 章　从流到映射

浑沌无知而任其自复，乃能终身不离其本也。

——郭象，《庄子注》

夫曰天秩、曰物则固也，然方其一览，则纷纭胶葛，杂沓总至，莫化工时时之所呈若。[①]

——密尔，《逻辑学》（严复译）

## 7.1　问题的来由

微分方程定义了积分曲线，积分曲线描写了连续流（flow）。理解流的最好办法是解析地求出解，但微分方程很难求解。大学高等数学都要讲微分方程，很遗憾，学了之后，你仍然解不了几个方程。比如下面几个“简单”方程，

$$\frac{\mathrm{d}x}{\mathrm{d}t}=x_2-t$$

$$\frac{\mathrm{d}x}{\mathrm{d}t}=\sin(tx)$$

$$\frac{\mathrm{d}x}{\mathrm{d}t}=\exp(tx)$$

你没有办法求出解析解，虽然方程有解。也就是说，在大学微分方程课程中，虽然学了各种各样的解微分方程的方法，但我随意拿出一个微分方程，

① 英文为：The order of nature, as perceived at first glance, presents at every instant a chaos followed by another chaos.

你几乎必定不会解！前面已经提到，面对这种局面应采取的对策是：①采用几何方法；②降低一维，在截面上研究映射；③采用数值法，如龙格－库塔（Runge－Kutta）积分法（欲找到有关计算程序，可参见我们编的《实用电脑自学读本》第9章，科学技术文献出版社1995年版）。本章主要说第二种办法。

由连续微分方程到离散映射笼统讲就是，在庞加莱截面上研究点列$P_0, P_1, P_2, P_3\cdots$之间的关系，找出由$P_{n+1}=f(P_n)$所确定的函数$f$，但是这非常困难。事实上没有人直接这么做。数学家从一般原理上已经证明，微分方程的周期解对应于映射的不动点或周期解，而且前者与后者具有相同的稳定性质。这从另一方面给人留下了后门：没必要费劲地导出$f$，而是任意定义一个$f$。如果对于各种可能类型的非线性函数$f$，都研究清楚了映射的行为，也就整体上研究清楚了微分方程解的各种可能的行为。问题是"各种可能"能否做到？不要指望一口吃个胖子。我们可以从二次函数做起，一点一点地扩大$f$的范围。事实上二次函数就能说明相当多的问题。在此基础上再研究三次函数、指数函数，归纳起来，对各种映射就有了理解。

上一章只说到了一维映射。一维映射是相当简单的，只有一个参数，相空间只有一维，我们可以用计算机"扫遍"参数空间，全面了解映射的行为。但是二维映射有两个参数，相空间又多了一个维，可能性成倍增加，根本不可能再像一维映射那样作透彻了解。

## 7.2 不动点及线性化矩阵

二维映射的一般形式为

$$T:\begin{cases}x_{n+1}=f(x_n, y_n)\\ y_{n+1}=g(x_n, y_n)\end{cases}$$

变换$T$将点$(x_n, y_n)$变换为点$(x_{n+1}, y_{n+1})$。令$T$简记二维映射，$P$记状态点，则

二维映射也可以写作 $P_{n+1}=T(P_n)$，一般说来，对于任意整数 $i$，有 $P_{n+i}=T^i(P_n)$。设 $P^*$ 是二维映射 $T$ 的不动点，则 $P^*$ 满足

$$P^*=T(P^*)$$

不动点对于映射行为具有重要意义。为了研究不动点的类型，考虑不动点 $P^*$ 附近的一点 $P$，将它写作

$$P=P^*+U$$

其中 $U$ 是小量。将上式代入二维映射，并展成级数，可得到关系

$$U_{n+1}=\left(\frac{\partial T}{\partial P}\right)_{P=P^*}U_n+\mathrm{o}(U_n^2)$$

这里 $\partial T/\partial P$ 是 $2\times 2$ 矩阵，记作 $J$，称为映射 $T$ 在 $P^*$ 点的雅可比（C. G. J. Jacobi）矩阵。具体写出 $J$ 的表达式便为

$$J=\begin{bmatrix}\dfrac{\partial f}{\partial x} & \dfrac{\partial f}{\partial y}\\ \dfrac{\partial g}{\partial x} & \dfrac{\partial g}{\partial y}\end{bmatrix}_{P=P^*}$$

看三个例子。第一个是阿诺德猫映射（Arnold's cat map）：

$$\begin{cases}x_{n+1}=x_n+y_n\\ y_{n+1}=x_n+2y_n\end{cases}\mod(1)$$

其中 mod(1) 表示取模，大于 1 的数只取其小数部分。此映射的雅可比矩阵为

$$J=\begin{bmatrix}1 & 1\\ 1 & 2\end{bmatrix}$$

第二个例子是变形标准映射（standard map）

$$\begin{cases}x_{n+1}=x_n+a\sin(x_n+y_n)\\ y_n+1=x_n+y_n\end{cases}$$

其雅可比矩阵为

$$J=\begin{bmatrix}1+a\cos(x+y) & a\cos(x+y)\\ 1 & 1\end{bmatrix}$$

第三个例子是埃农映射（Hénon map）：

$$\begin{cases}x_{n+1}=y_n\\ y_{n+1}=bx_n+ay_n-y_n^2\end{cases}$$

其雅可比矩阵为

$$J=\begin{bmatrix}0 & 1\\ b & a-2y\end{bmatrix}$$

雅可比矩阵对于研究映射是十分关键的。藉此可以判断不动点的性质，藉此还可以判定映射是保守的还是耗散的。先说后者。当雅可比矩阵的行列式的绝对值等于1时，映射是保守的，或者叫保面积的。当其行列式的绝对值大于1时，映射是发散的，我们不讨论；小于1时，映射是耗散的。

对于阿诺德猫映射，$|\det(J)|=|2-1|=1$，所以它是保面积（保守）映射。对于变形标准映射，$|\det(J)|=1$，所以它是保守映射。对于埃农映射，$|\det(J)|=|0-b|=|-b|$，当 $b=\pm 1$ 时它是保守映射，当 $|b|<1$ 时，它是耗散映射。

实际上雅可比矩阵是映射的线性化矩阵。在 $U_n$ 与 $U_{n+1}$ 迭代关系中，去掉高次项（大于等于2次的项），就得到一个完全线性的映射。对于线性映射，我们可以做彻底研究。但要记住，线性化系统的性质只代表非线性系统的局部行为，即只能反映不动点附近的行为。离开不动点稍远一些，由线性化方法导出的结论就不再适用于原来的非线性系统。

## 7.3 不动点分类

映射不动点 $P=P^*$ 的雅可比矩阵 $J$ 可以决定不动点 $P^*$ 的性质。由雅可比矩阵可以求出其特征方程和特征根，以二维映射为例，特征方程为

$$|J-\lambda E|=0$$

其中$\lambda$为特征根，$E$ 为单位矩阵。具体化就是

$$\begin{vmatrix}\dfrac{\partial f}{\partial x}-\lambda & \dfrac{\partial f}{\partial y}\\ \dfrac{\partial g}{\partial x} & \dfrac{\partial g}{\partial y}-\lambda\end{vmatrix}_{P=P^*}=0$$

下面分$\lambda$是实数和共轭复数两种情况讨论。

## 一、λ是实数

当λ是实数时，设与λ对应有一实向量 $V$，向量 $V$ 通过不动点 $P^*$。考虑 $V$ 方向上的初始位移 $U_0=V$，则有

$$U_n=\lambda^n V$$

在不动点附近，在 $V$ 方向上任取初始点 $P_0$，则点列 $P_i$ 的排列由λ控制。当 $|\lambda|<1$ 时，点列 $P_i$ 趋近不动点 $P^*$；当 $|\lambda|>1$ 时，点列 $P_i$ 背离不动点 $P^*$。其中当 $\lambda>0$ 时，点列位于 $P^*$ 的同一侧；$\lambda<0$ 时，点列在 $P^*$ 两侧来回跳动。三种特殊情况：$\lambda=0$，$\lambda=1$，$\lambda=-1$ 我们不讨论。

对于二维映射在不动点附近有 $x_{n+1}=\lambda_1 x_n$，$y_{n+1}=\lambda_2 y_n$。若 $0<\lambda_1<1$，$0<\lambda_2<1$，则 $P^*$ 是稳定结点(node)。

若 $\lambda_1>1$，$\lambda_2>1$ 或者 $\lambda_1<-1$，$\lambda_2<-1$，则 $P^*$ 是不稳定结点。

若 $0<\lambda_1<1$，$\lambda_2>1$，则 $P^*$ 是鞍点(saddle)。迭代点沿双曲弧线运动(除了两个特征方向轴线)，并且沿一个特征方向是吸引的，沿另一个特征方向是排斥的。鞍点是非线性动力学中极为重要的一种奇点。

## 二、λ是复数

当λ是一对复共轭特征值时，可以把λ写成 $\rho\exp(\pm i\varphi)$ 的形式，其中 $\rho$ 和 $\varphi$ 都是实数。与λ对应有一对复共轭向量 $V_1+V_2\mathrm{i}$，其中 $V_1$ 和 $V_2$ 都是实向量。考虑一个初始位移 $U_0=aV_1+bV_2$，其中 $a$ 和 $b$ 是实数，根据欧拉公式 $\exp(ik\varphi)=\cos(k\varphi)+i\sin(k\varphi)$，则 $U_n$ 的迭代关系为

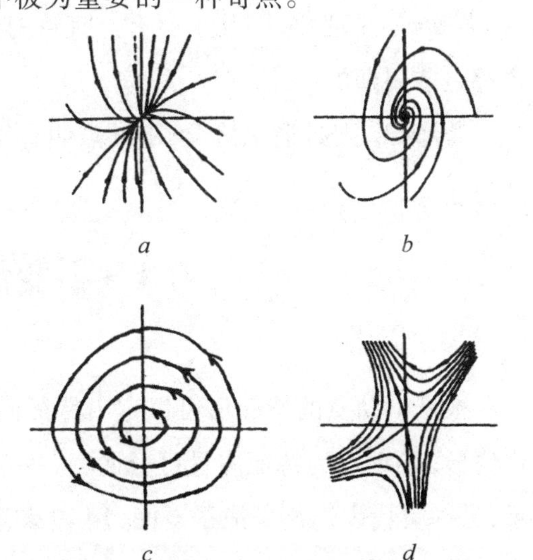


图 7-1　二维映射的 4 种主要奇点。离散迭代点列在图中按箭头方向在曲线上运动。$a$ 为稳定结点，$b$ 为稳定焦点，$c$ 为中心点，$d$ 为鞍点

$$U_n=\rho^n[(aV_1+bV_2)\cos(n\varphi)+(bV_1-aV_2)\sin(n\varphi)].$$

上式代表椭圆运动，两个轴分别是 $aV_1+bV_2$ 和 $bV_1-aV_2$。映射 $T$ 的点列 $P_i$ 在 $(V_1,V_2)$ 平面上沿椭圆曲线运动。由于椭圆的大小是可变的（由 $\rho$ 的大小决定），所以 $P_i$ 的运动实际上不一定是封闭的椭圆曲线，可能是对数螺线。

当 $\rho>1$ 时，$P_i$ 沿螺旋线向外旋转运动，这时 $P^*$ 称为不稳定焦点（focus）；当 $\rho<1$ 时，$P_i$ 沿螺旋线向内旋转运动，这时 $P^*$ 称为稳定焦点；只有当 $\rho=1$ 时，$P_i$ 沿椭圆曲线运动，这时 $P^*$ 称为中心点（centre）。

对二维映射 $T$，设 $J$ 的两个特征值为 $\lambda_1=\lambda=a\exp(ia)$，$0<\alpha<\pi$，$\lambda_2=\bar{\lambda}=a\exp(-ia)$，局部线性映射经适当仿射变换后总能变为极坐标形式

$$\begin{cases}r_{n+1}=ar_n\\ \theta_{n+1}=\theta_n+a\end{cases}$$

若 $a<1$，则不动点是稳定焦点，点列 $P_i$ 沿对数螺线向内运动。

若 $a>1$，则不动点是不稳定焦点，点列 $P_i$ 沿对数螺线向外运动。

若 $a=1$，则不动点是中心点，点列 $P_i$ 沿椭圆曲线运动。并且若映射是线性的，$a/\pi$ 是有理数，则迭代点在椭圆曲线上只有有限个点，运动是周期的；若 $a/\pi$ 是无理数，则几乎所有点都将遍历椭圆曲线，这说明几乎所有轨道都是非周期的。

若 $\lambda_1=\lambda_2$，则是退化情况，不动点叫星结点（star-node）。

## 7.4 不变流形

根据不动点的特征值可以定出特征向量。以二维系统为例，对于非退化情形，不动点的特征向量可分两类，一类代表局部收缩子空间，用 $V^s$ 表示，另一类代表局部发散子空间，用 $V^u$ 表示。

设初始点 $P_0$ 位于 $V^s$ 附近，则随后的演化 $P_i$ 趋向于 $V^s$，若初始点 $P_0$ 位于 $V^u$ 附近，则随后的演化 $P_i$ 将远离 $V^u$ 而去。

这两种性质都有的不动点正好是鞍点（对于耗散系统），或者双曲点（对于保守系统）。

$V^s$和$V^u$都是对于线性化系统而言的，只能说明与不动点邻近的局部问题。讨论全局问题则要用到不变流形(invariant manifold)的概念。不动点的不变流形与特征向量的关系见图 7−2(a)。

设$x$代表映射$T$的不动点，$T(x)=x$。不动点$x$的稳定流形定义为：当$n$趋于正无穷时，点列$T^n(y)$无限趋近$x$，由这样的点列组成的集合叫$x$的稳定不变流形，用$W^s$表示。设$M$表示流形，$x\in M$是映射$T$的不动点，再令$d$表示某种距离函数。稳定不变流形的形式化定义为

$$W^s(x)=\{y\in M|d(T^nx,T^ny)\to 0,\text{当}\ n\to\infty\ \text{时}\}$$

相应地，$x$的不稳定流形可定义为：当$n$趋于负无穷大时，点列$T^n(y)$无限趋近$x$，由这样的点列组成的集合叫$x$的不稳定不变流形。形式化定义为

$$W^u(x)=\{y\in M|d(T^{-n}x,T^{-n}y)\to 0,\text{当}\ n\to\infty\ \text{时}\}$$

为什么叫“不变”流形呢？因为作为整体，流形在映射作用下是“不变”的。对于非线性系统，不动点$x$的不变流形不可能是直线，而是很复杂的曲线。不变流形起着“分水岭”的作用，所以也叫作“分界线”。如果分界线极其复杂，则可以想象运动类型极其复杂。分界线两侧的运动是截然不同的，若分界线本身折来折去，则不同类型的运动交织在一起。

设$x$是映射$T$的不动点或周期点，则$x$的同宿点$p$可定义为

$$p\in W^s(x)\cap W^u(x)-\{x\}$$

如果$W^s(x)$与$W^u(x)$横截于$p$点，则$p$叫作$x$的横截同宿点(transverse holoclinic point)，如果两者相切于$p$点，则$p$叫作$x$的同宿切点。相应地异宿点可定义为

$$q\in W^s(x)\cap W^u(y)-\{x\}-\{y\},f^n(x)\neq y$$

$q$为不动点(或周期点)$x$和$y$的异宿点。

有一个重要的结论：存在一个同宿点，则必然存在无穷多个同宿点[见

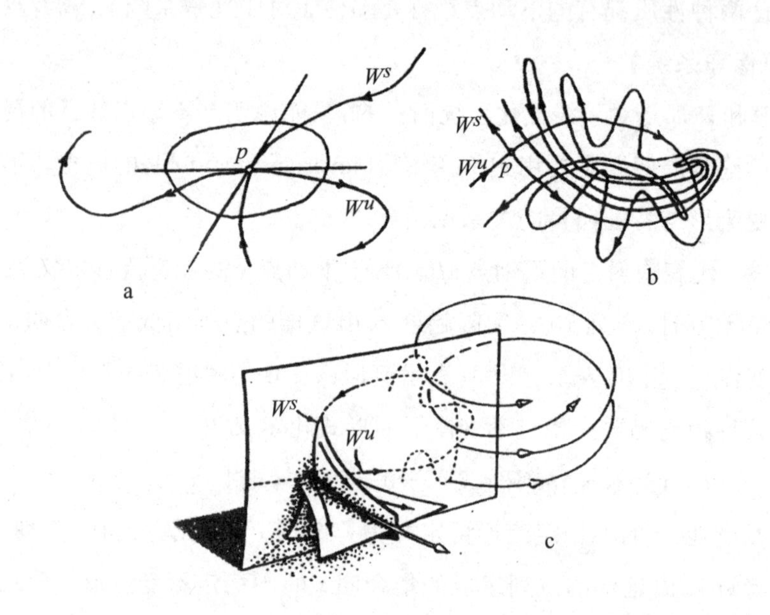


图 7-2　不动点的不变流形，$W^s$ 为稳定流形，$W^u$ 为不稳定流形。a 图表示出不动点附近特征向量与不变流形的关系。b 图示意了同宿轨道的折返过程，有一个同宿点则必有无穷多个同宿点。c 图表示映射与流的对应关系

图 7-2($b$)]。证明如下：

令 $p\in W^s(x)\cap W^u(x)-\{x\}$ 是 $x$ 的一个同宿点，显然 $p\in W^s(x)-\{x\}$。又因为 $W^s$ 是不变流形，不变流形上的点在映射作用下一定仍然在流形上，所以对任意 $i$，$f^i(p)\in W^s(x)-\{x\}$。同理有 $f^i(p)\in W^u(x)-\{x\}$。于是对任意的 $i$，有 $f^i(p)\in W^s(x)\cap W^u(x)-\{x\}$。也就是说 $f^i(p)$ 都是 $x$ 的同宿点。证毕。

这是一个奇妙的性质，也是一个可怕的性质，正是它导致了动力系统的复杂性。当年庞加莱知道了这回事，庞加莱栅栏就是由同宿横截引起的。庞加莱说："这个图形复杂得令人吃惊，我甚至不想去画它。没有什么比它更适于就三体问题以及一般的动力学问题的复杂本性给我们提供一个概念，这里没有单值的积分，波林(Bohlin)级数也是发散的。"

## 7.5 霍普夫分岔实例

我们考虑的二维非线性映射至少含有一个参数$\mu$，当参数变化时，系统可能出现跨临界分岔、弗利普分岔，另外还有一种新的分岔——霍普夫(Hopf)分岔，对于映射，还有另外一个名字——奈马克(Neimark)分岔。发生霍普夫分岔的条件是特征值$\lambda_1$和$\lambda_2$是共轭复数，当参数变化时，特征值从单位圆内部跳到单位圆外部。当发生霍普夫分岔时，原来的不动点（对应周期流）失稳，出现椭圆不变曲线（对应环面上的拟周期流）或者周期循环（对应于环面上的共振，周期流）。当系统发生霍普分岔时，非线性项起重要作用，涉及的也不只是局部行为。发生霍普夫分岔后新出现的轨道可以是稳定环面或者稳定极限环。例如下述二维映射

$$\begin{cases} x_{n+1}=y_n \\ y_{n+1}=\mu y_n(1-x_n) \end{cases}$$

在参数$\mu$增大过程中越过$\mu$=2时，发生霍普夫分岔。利用前面的基本理论，我们看一个与猎食(predator-prey)过程有关的具体模型

$$\begin{cases} x_{n+1}=ax_n(1-x_n-y_n) \\ y_{n+1}=bx_ny_n \end{cases}$$

其中$a$和$b$是参数，取值范围为(2,4)。映射的不动点有$C_1(0,0)$和$C_2(1/b, 1-1/a-1/b)$。此映射的雅可比矩阵为

$$J=\begin{bmatrix} a-2ax-ay & -ax \\ by & bx \end{bmatrix}$$

其行列式的绝对值为

$$\begin{aligned} |\det(J)| &= |abx-2abx^2-abxy+abxy| \\ &= |abx(1-2x)| \end{aligned}$$

对于不动点$C_2$而言，特征方程为

$$|J-\lambda E|=\begin{vmatrix} 1-\frac{a}{b}-\lambda & -\frac{a}{b} \\ b(1-\frac{1}{a}-\frac{1}{b}) & 1-\lambda \end{vmatrix}=0$$

即

$$\lambda^2-\frac{2b-a}{b}\lambda+\frac{a(b-2)}{b}=0$$

此方程也可以通过 $\mathrm{Tr}(J)=a_{11}+a_{22}$ 和 $\det(J)$ 直接得到，因为

$$\lambda^2-\mathrm{Tr}(J)\lambda+\det(J)=0$$

设 $\lambda_1$ 和 $\lambda_2$ 是两个共轭复根，由韦达（F. Viète）定理有

$$\lambda_1\cdot\lambda_2=\det(J)=\frac{a(b-2)}{b}=|\lambda|$$

当 $|\lambda|>1$ 时发生霍普夫分岔，即当

$$a(b-2)/b>1$$

时发生分岔。解此不等式得，当

$$b>\frac{2a}{a-1}$$

时，第二个不动点 $C_2$ 失稳，发生霍普夫分岔。取 $a=2.60$，则理论上预言 $b=2a/(a-1)=3.25$ 时发生霍普夫分岔。我们看计算机计算的结果[见图 7−3(1)~图 7−3(4)]。

在图 7−3(1)中横坐标记 $x$ 值，纵坐标记 $y$ 值，$a=2.60$，$b=3.22<3.25$，我们看到最后得到稳定焦点 $C_2$。在图 7−3(2)中，$a=2.60$，$b=3.26>3.25$，表明已越过霍普夫分岔点，系统的轨道位于不变环面上，可能是周期运动，也可能是拟周期运动。在图 7−3(3)中，$a=2.60$，$b=3.6$，最后得到稳定的周期轨道，显然轨道位于一个较大的不变环面上。在图 7−3(4)中，轨道最后稳定到一个更大的不变环面上，很像拟周期运动，但没有严格证明。

在图 7−4 中，取 $a=2.9$，$b=3.6$，我们得到稳定的周期 7 运动：

$$\cdots A\to B\to C\to D\to E\to F\to G\to A\to\cdots$$

它们的坐标值为：

$$A(0.5349, 0.1295)\to B(0.5206, 0.2494)\to$$

$C\,(0.347\,3, 0.467\,3) \rightarrow D\,(0.186\,7, 0.584\,3) \rightarrow$

$E\,(0.124\,0, 0.392\,7) \rightarrow F\,(0.173\,8, 0.175\,2) \rightarrow$

$G\,(0.328\,0, 0.109\,6)$

下面我们看一套完整的演化系列。参数 $b$ 取定值 $b$=3.91，让参数 $a$ 逐步变化，变化范围为 $a\in[2.0, 3.60]$。当 $a$=2.0 时，发生霍普夫分岔的条件是 $b>2a/(a-1)=4.0>3.91$；当 $a$=2.05 时，发生霍普夫分岔的条件是 $b>2a/(a-1)=3.9047\cdots<3.91$。

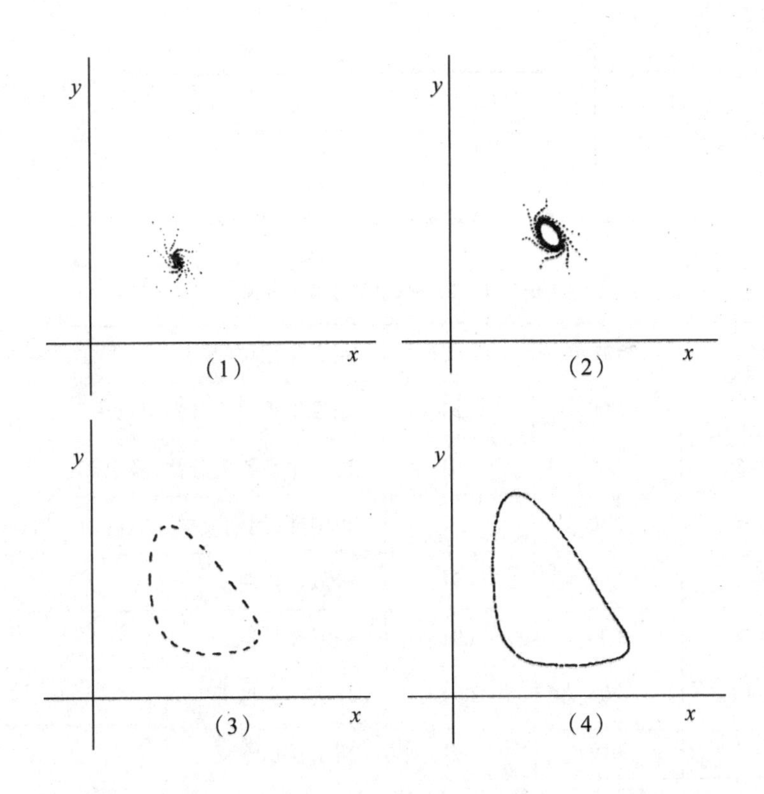


图 7–3　二维映射的霍普夫分岔过程。1 图为稳定焦点。2 图表示已发生了霍普夫分岔。3 图示意了环面上的稳定周期轨道。4 图表示环面上的拟周期运动

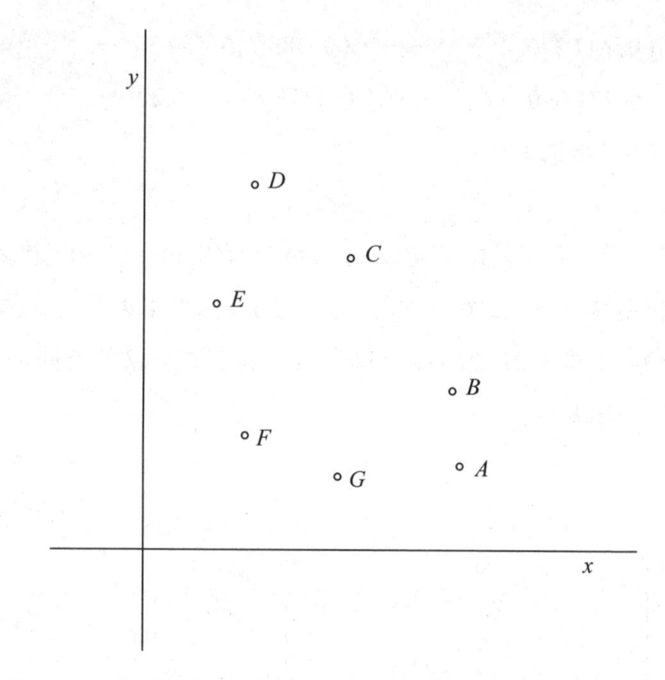


图 7-4　二维映射的一个稳定周期 7 运动。由 A 点开始，逆时针方向运动

表 7-1　二维映射定态演化过程

| 图号 | 参数 $a$ | 参数 $b$ | 定态类型说明 |
|---|---|---|---|
| 7-5 | 2.00 | 3.91 | 未发生霍普夫分岔，焦点 |
| 7-6 | 2.05 | 3.91 | 已发生霍普夫分岔，极限环 |
| 7-7 | 2.50 | 3.91 | 极限环，周期或拟周期运动 |
| 7-8 | 2.88 | 3.91 | 极限环扭曲 |
| 7-9 | 3.00 | 3.91 | 极限环打折 |
| 7-10 | 3.04 | 3.91 | 环进一步打折 |
| 7-11 | 3.10 | 3.91 | 扭结互相嵌套 |
| 7-12 | 3.20 | 3.91 | 出现牟比乌斯条带 |
| 7-13 | 3.40 | 3.91 | 条带加宽 |
| 7-14 | 3.55 | 3.91 | 条带重叠，浑沌运动 |

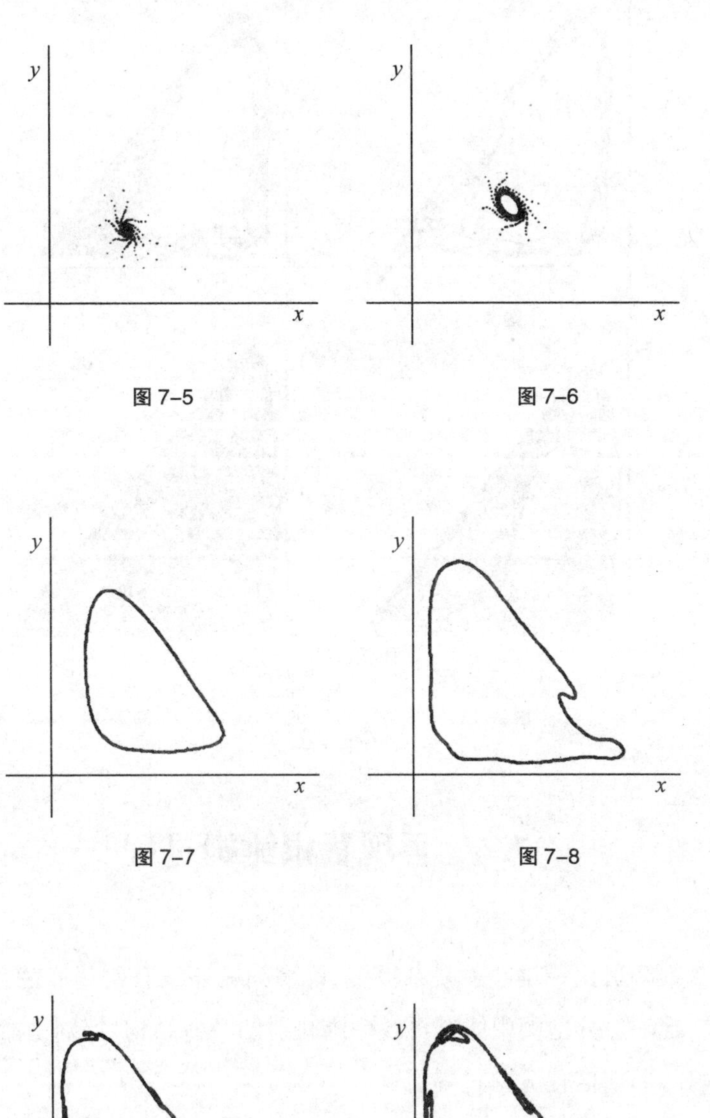


图 7–5　　图 7–6

图 7–7　　图 7–8

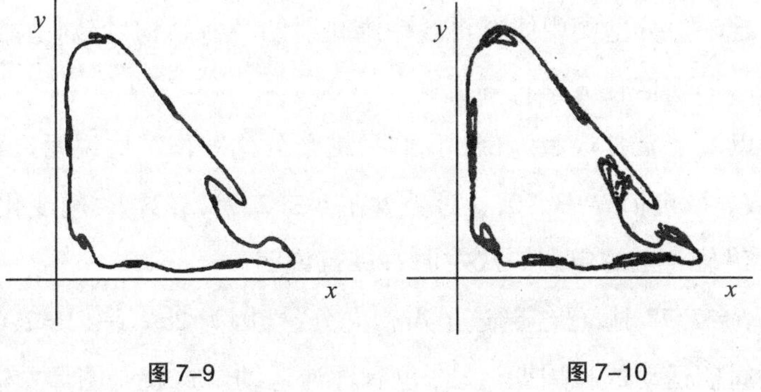


图 7–9　　图 7–10

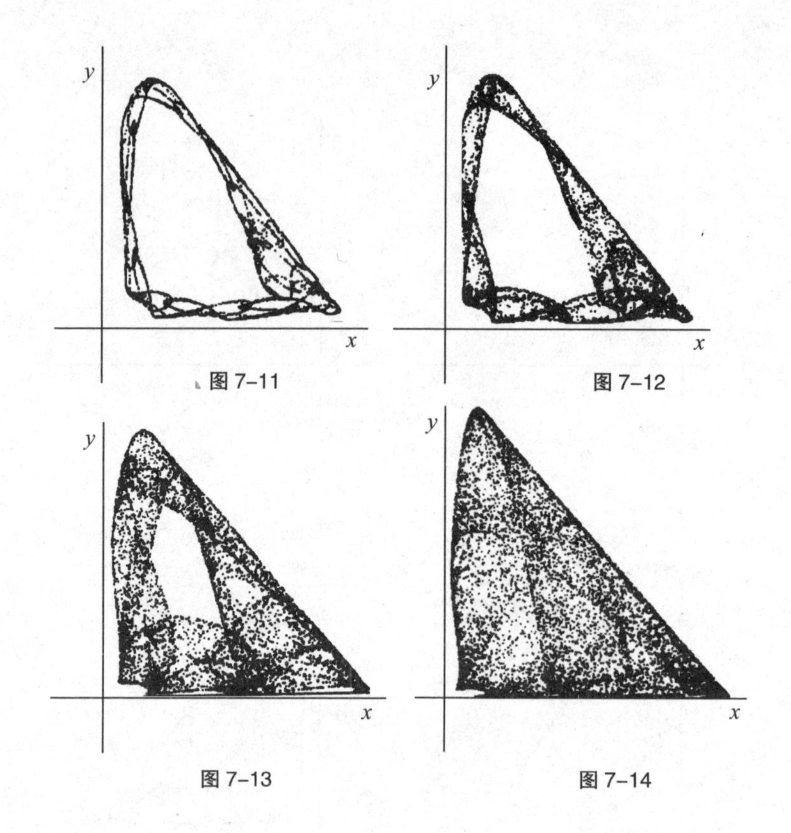

图 7–11　图 7–12

图 7–13　图 7–14

## 7.6　再现费根鲍姆过程

二维映射比一维映射复杂得多,许多问题还没有研究清楚。

二维映射分岔图中能够再现一维映射的一些结构,特别是能够出现费根鲍姆的周期倍化分岔过程。

仍以上节猎食模型为例,我们只结合分岔图作一些说明。在图 7–15 中,参数 $a$ 取定值 $a=3.90$,让参数 $b$ 在 $b\in[2.75,3.21]$之间变化。横轴记参数 $b$,纵轴记 $y$ 的定态。从左向右进行说明。

当 $b=2.75$ 时,已经越过了霍普夫分岔,因为 $2a/(a-1)\approx2.69<2.75$。系统做周期运动或拟周期运动,也有浑沌运动。这就是图像左边的黑区,

黑区里有无穷多周期窗口。

当 $b$ 增大到 $b$=2.824 7 时，系统突然进入很大的周期 5 窗口。这时只有周期 5 运动是稳定的。

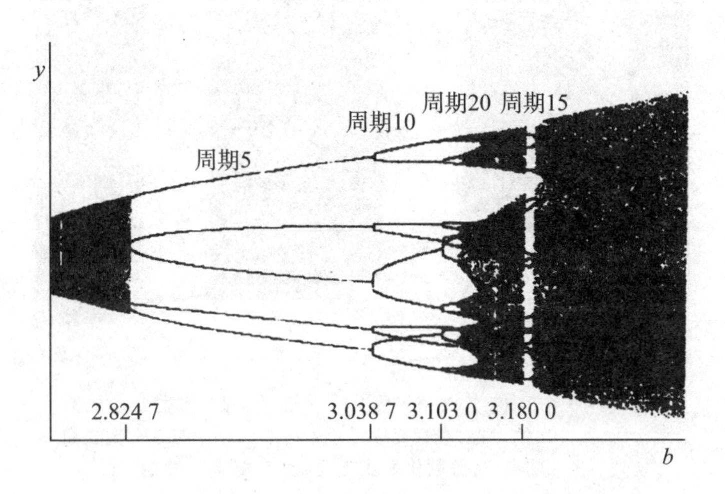


图 7–15　二维猎食映射分岔图中的周期 5 窗口。横轴为参数 $b$，纵轴为 $y$ 的定态，参数 $a$ 取定值 $a$=3.90。此图再现了一维费根鲍姆周期倍化过程

当 $b$ 增大到 $b$=3.038 7 时，系统在大的周期 5 窗口内完成周期倍化分岔，周期 5 运动失稳，出现稳定的周期 10 运动。注意，当 $b$ 增加时，10 个分支线可以交叉，在一维 Logistic 映射中，未进入浑沌区不会出现这种情况。

当 $b$ 增加到 $b$=3.103 0 时，再次分岔，周期 10 失稳，出现稳定的周期 20 运动。然后还会依次出现周期 $5\times2^3$，$5\times2^4$，…，$5\times2^n$ 运动，最后进入浑沌，结束很大的周期 5 窗口。

当 $b$ 增大到 $b$=3.180 0 时，浑沌区中又出现了周期窗口，这是周期 $5\times3=15$ 窗口。

当 $b$ 再增加时，系统进入大的浑沌区。在浑沌区中仍然有周期运动，只是不稳定罢了。

现在我们看另一张分岔图（图 7–16）。仍然是 $a$ 取定值 $a$ = 3.50，$b$ 在区间[3.15，3.60]内变化。我们只看三个大的周期窗口。

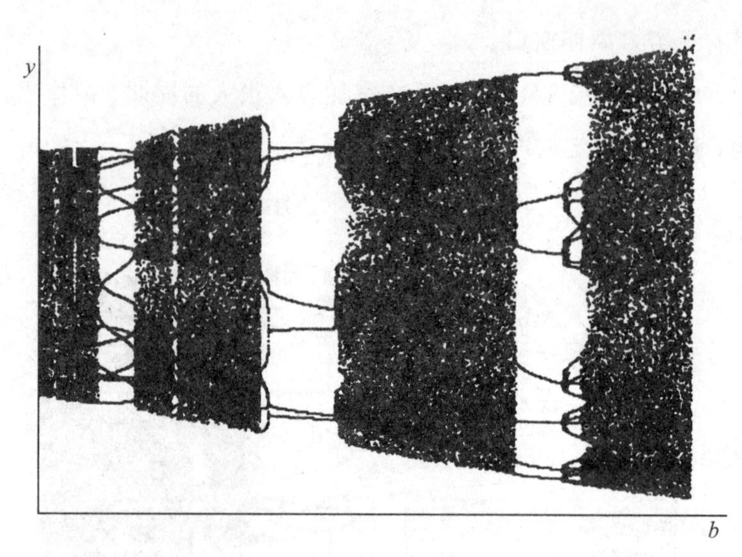


图 7-16　二维猎食映射的复杂分岔图。横轴为参数 $b$，纵轴为 $y$ 的定态，参数 $a$ 取定值 $a$=3.50。图中有 3 个大的周期窗口，分别代表稳定周期 17、周期 6、周期 7 运动

从左向右看，第一个大的窗口是稳定的周期 17 运动。注意线条上下有穿插现象，再增加一个维数看，线条实际上不会交叉。

第二个大窗口是稳定周期 6 运动。奇特的是窗口左侧有明显的逆向周期倍化过程，这很类似一维 Logistic 映射中当参数 $a$ 为负值时所发生的情况(参见图 6-13)。在周期 6 窗口中，向右侧的周期倍化过程不明显，也可能根本没有，可能还需做更细致的研究。

第三个大窗口是稳定周期 7 运动。这是一个标准的费根鲍姆式的窗口。在窗口内部有完整的周期倍化过程。周期 7 运动先分岔为周期 14 运动，然后分岔为周期 28 运动，等等。

由此可以看出，研究一维 Logistic 映射是十分基本的，一维的分岔结构总是以某种面目出现在高维系统的分岔过程中。低维系统研究清楚了，有助于更好地理解高维系统。

# 第8章　人在宇宙中

能嘲笑哲学，这才真是哲学思维。

——帕斯卡，《思想录》

幸亏奇异性理论的美妙结果不依赖于突变理论隐蔽的神秘主义，但是在奇异性理论中，和各个数学分支一样，确有一种神秘的因素：对象和理论之间有令人吃惊的纽带和一致性，而乍一眼看上去这二者却相距很远。

——阿诺尔德，《突变理论》

即使全部哲学史全是些谬论，哲学——即万有论——仍是可能的。

——陈康，《陈康：论希腊哲学》

## 8.1　高傲的个人：四种观念

我们时常被一些人的高傲惊呆，因为他们自称完全理解了宇宙。

有一次罗素(B. A. W. Russell)在演讲结束时被一位老妇人缠住。妇人说，你说地球是那样，其实地球是只大乌龟，我们都站在龟背上。

你能猜到，罗素无言以对。

老妇人对宇宙的理解是常识性的，也是文学化的，这与诗人浪漫的描写相似。我们不止一次读过这样的诗句：

当那颗羞涩的星，像处女一般
忧郁地出现在天上的时刻，
你听，在昏昏欲睡的暮色中间
有一人在你大门边唱着歌。

所不同的是，诗人知道这是比喻，俗人相信那就是实在。

在罗素看来，哲学是介乎科学与神学之间的东西。借此，再加上常识，我们将讨论理解世界的四种观念。加上常识是有道理的，常识很重要，人们常常按常识办事。常识也是因地理而异、因历史而变化的。古希腊人的常识与今日中国人的常识有很大不同。

从常识看，或者从浅显的日常经验看，地球无疑是宇宙的中心，而且至高无上，太空的星斗尽管很多，其地位也只与其“视大小”相当，即无足轻重。布满天空的星体所构成的“星座”像红灯笼外表镶嵌的剪纸图案一样。这种自然观是朴素的，虽然有失准确，却也有正确的成分。它是百姓最容易接受的观念。

常识宇宙观念也有三六九等，在科学飞速发展的今天，相当多的人知道星斗并非固定在球面上，它们之间有相当大的距离。有人直言不讳地对作者讲过，“地球就是平坦的，我很难理解到它是圆的”，尽管这人也读过大学。我们不能嘲笑他，他至少是诚实的，有那样的想法也正常。

与地球最近、关系最密切的当然是太阳系的太阳和其他几个行星：水星、金星、火星、土星、木星、天王星、海王星。对了，地球的卫星——月球的重要性其实仅次于太阳，虽然它很小。有这些知识，已很不容易，要知道，二百多年前没有一个人全知道这些。三百多年前人们还不知道太阳系。

可是在今天，又有多少人知道太阳系各行星的相对大小呢？行星与太阳之间都有万有引力作用，以地球与太阳的引力为1计，其他行星与太阳的引力是多少呢？下面是简单计算的结果。从表上可知，除木星外，总引力为4.3(简单代数加和,而不是向量加和),而木星自己占了11.7!

表8-1中没有列入冥王星的数据,因为它一方面太小,另一方面离太阳太远,所以引力很小。从引力的角度看,太阳系可以简单地看作由太阳、木星、金星、土星和地球组成,其他的可以忽略。四大行星中又分两等,木星一枝独秀,金星、土星和地球差不多。直到几年前我做了简单的运算才注意到这一点,当时非常吃惊。

**表8-1 太阳系中大行星与太阳之间的引力大小(设日地引力为1)**

| 行星 | 引力相对值 | 行星 | 引力相对值 |
| --- | --- | --- | --- |
| 水星 | 0.368 8 | 金星 | 1.557 7 |
| 地球 | 1.000 0 | 火星 | 0.229 3 |
| 木星 | 11.743 6 | 土星 | 1.045 9 |
| 天王星 | 0.039 4 | 海王星 | 0.019 0 |

据此作一个"随意"的、害处不大的猜想:地球上自然灾害的发生主要受木星运行的控制。

这可能吗?其中的逻辑关系为:

木星运行→太阳活动→地球气候→地球灾害。

有一个重要理由,太阳的活动确实受木星运行影响,太阳黑子活动用黑子相对数表示,黑子相对数大致有11.1年的周期,而木星的公转周期是11.862年,这不是偶然的巧合。黑子运动呈现更复杂的韵律(见我们用相空间重构法作的图8-1),还有其他一些可能的"周期",这说明太阳活动可能不只受单一因素控制。如果此猜想有道理,则严密观测木星—太阳—地球三者的相对位置,对于预报地球上的自然灾害就会有帮助。成都地震局洪时中先生告知,一百多年前沃尔夫(R. Wolf)已经注意到黑子活动与木星运动之间的关系了。

并不是每一个学过力学的人都计算过太阳系行星的引力关系,即使算了,也可能没有考虑其意义。以上结果用到了科学,但并不是高深的科学。

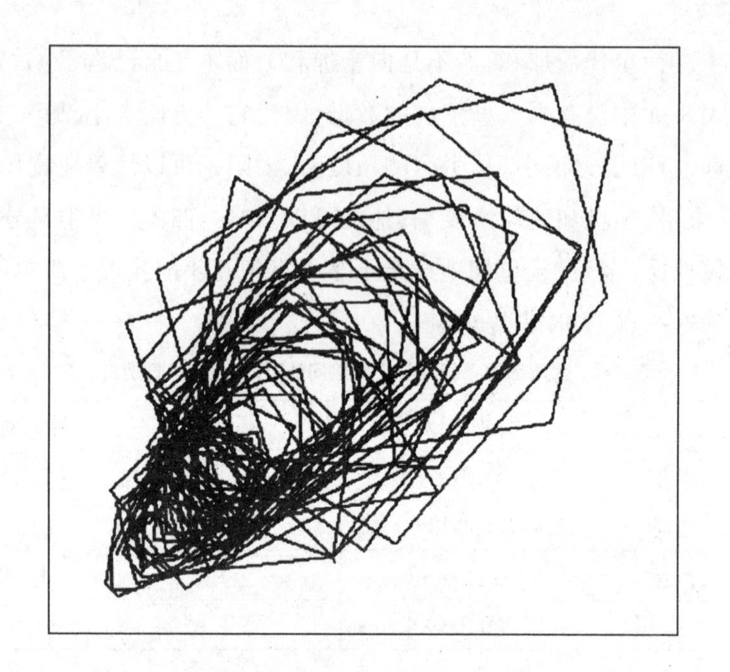

图 8-1 太阳黑子相对数相空间重构图。准确地说，太阳黑子活动是奇怪吸引子上的浑沌运动。横坐标为 $R(t)$，纵坐标为 $R(t+1)$

从常识理解宇宙并不太难，人人对宇宙都有一种理解，人人都有自己心目中的宇宙图景。

还有一套理解宇宙的思路，这便是神学。人们满以为，科学发达了，神学就自动灭绝了，现在看来似乎没有那么简单。科学与神学是矛盾的，但总的看来，它们分属两个不同领域。还有一点，科学与神学也有相通之处。从罗素对哲学的描述也可以看出来，科学→哲学→神学排成了一个序列。粗劣的神学是应当排斥的，而精致的神学，不得不给予尊重。

与科学相比，神学对宇宙的理解仍然是方便的、简单的、一劳永逸的。从体系神学出发，很容易“圆满”地解说宇宙的所有规律，只要引入上帝，一切都好做！解释不通时，还可以拿信仰做后盾。

哲学与神学相比要进步一些。哲学从根本上说既利用信仰，又批判信仰。有许许多多不同的哲学，每一种哲学差不多都构成一种信仰，因为它相信世界就像其哲学想象的那样。多种不同的哲学综合起来，则必然得出怀疑论的观点——每一种哲学都靠不住。总体上看,哲学设置藩篱,只用少数几个基本概念就试图解释所有东西,又不断冲破藩篱。批判哲学特别是辩证法破坏所有体系,努力制造思辨的废墟。

科学与它们都不同,科学放弃了一劳永逸解释所有现象的努力,这是它成功的一个关键。虽然许多科学家内心相信科学是统一的、世界是统一的,科学最终能够做到一切,但这只是想想而已,它们不是科学,准确说它们只是科学家的科学哲学。

科学是建立在可重复实验基础之上的,实事求是是科学的最高原则。在每一个小的领域中,科学做得都很好,都有坚实的基础,但整体上科学并未整合起来。这还不是要害所在。要害在于,科学的大发展给出了一个可怕的悖论:未知越来越多于已知。知识之球越大,它与未知界的接触面积越大。读过一点书的人,觉得知道了许多,真正读了万卷书的人,才发现自己真正无知。这绝不是谦虚。科学越发展,人类的眼界越宽广,也发现了更多难以回答的问题。也可能就是这个悖论决定了,单纯靠科学生活是不行的,我们还需要哲学和神学,当然更需要常识。

科学地理解宇宙是最难的。定义一个用以表明理解宇宙难易程度的量——难度系数$\rho$,设科学地、哲学地、神学地、常识地理解宇宙,其难度系数分别为$\rho$(科)、$\rho$(哲)、$\rho$(神)、$\rho$(常),则有关系

$$\rho(科) >> \rho(哲) > \rho(神) >> \rho(常)$$

其中“>”表示大于,“>>”表示远远大于。



## 8.2 尺度与盲人摸象

按照尺度,科学可以分成若干类理论。郝柏林院士 1991 年为日本东京召开的“浑沌对科学和社会的影响”的国际会议上提交了《浑沌与物理学》一文,论文就物理学前沿画了一张锥形图(图 8-2)。锥形图中间部分

是展示复杂性的宏观领域，上、下分别是宇观世界和微观世界。过去半个多世纪里，科学的主流主要向上、下两个尖端发展，而到了80年代，科学中心又回到了中央部分。研究宏观领域的非线性现象，科学家得出了非同寻常的见解，现在已到了重塑自然观的时候了。

非线性并非只存在于宏观层次，微观领域和宇观领域本质上也是非线性的。宏观层次有浑沌，那两个层次也有浑沌。量子世界的量子浑沌虽仍有争议，但量子浑沌的研究无疑丰富了人们对微观世界的了解。

特别地，海森伯（W. Heisenberg）1967年就提出"量子力学是线性的还

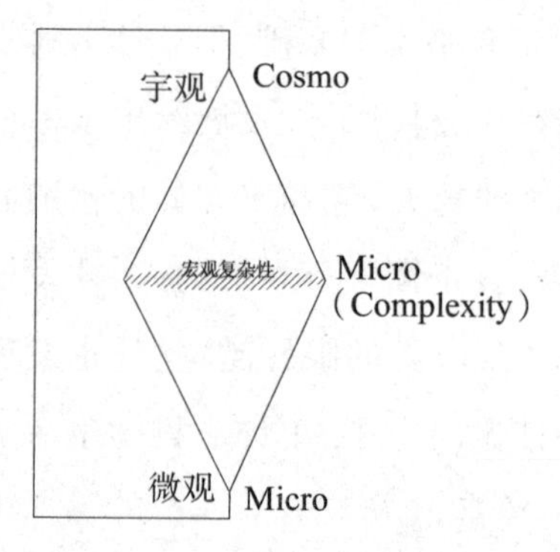


**图8-2　修改的郝柏林锥形图。研究宇宙史时科学家发现"两极相通"，我们又在两个锥尖之间连了一条线。浑沌研究使科学关注的焦点又回到了宏观层次，但由此得到的观念却可以用到各个层次上**

是非线性的"的问题，他认为，本质上线性的量子理论甚至也可能最终不得不被一种非线性理论取代。

> 量子理论究竟是线性的还是非线性的理论？无疑，量子力学在其通常形式下是线性的理论。线性的含义为，尽管算子方程是非线性的，但可以通过解薛定谔方程对付它们。也就是说，寻找某些变换矩阵，这些薛定谔方程必定是线性方程。
>
> 量子理论的线性有一种更深层的、近乎哲学的理由，不仅仅与某种近似有关。在量子理论中我们不与事实打交道，而是与概率打交道：波函数的[模]平方描述了概率，并且波函数的叠加（两个解相加可以构成一个新的解）对整个量子理论的基础来说是绝对必要的。所以，说量子理论的线性特征与麦克斯韦方程的线性

在同样意义上是近似性的，将必定是错误的。量子力学方程的线性对于理解量子理论并把量子理论解释成计算原子所发生事件的一种统计根据，是必要的。

……

如果人们就换位子或二点函数本身建立方程，这些方程是极其复杂的非线性积分方程。如果有必要解这些方程，遇到的必定是一个非线性问题，并且恰好在量子理论的根基处，我们再次碰到了非线性数学。麻烦在于，我们不知道是否真的必须解这些方程。

浑沌研究为已成熟的经典力学注入了生机，也为同样成熟的量子理论提出了很好的课题。

对于宇观尺度，非线性仍然存在，浑沌仍然存在。爱因斯坦广义相对论的引力方程本质上是非线性的，而这个方程对于讨论宇宙学问题具有至关重要性。

目前麻省理工学院天文学家威兹德姆(Jack Wisdom)等人的工作表明，在最能体现规则性的太阳系的天体运行中，就明显存在浑沌运动，特别地，土星的第七个卫星亥伯龙(Hyperion)一直在浑沌地翻滚。小行星带的柯克伍德(Daniel Kirkwood)空隙以及土星环中的卡西尼缝(Cassini's division)也与浑沌有关。

在天文学、宇宙学中，尺度更具有重要性。

100 千米，$10^5$ 米，地球表面人类熟悉的尺度。

100 000 千米，$10^8$ 米，地/月系的尺度。

1 AU，即一个天文单位，$10^{11}$ 米，太阳系的尺度。

1 parsec ~ $10^{16}$ 米，恒星世界尺度。

100 parsec ~ $10^{18}$ 米，星际物质及星团尺度。

10 kiloparsec ~ $10^{20}$ 米，星系尺度。

1 megaparsec ~ $10^{22}$ 米，接近探测的极限，属于宇宙论讨论的尺度。

其中单位换算关系为：1 秒差距（parsec）=3.26 光年=3 × $10^{16}$ 米，parsec 简记 pc，百万秒差距（megaparsec）简记 Mpc.

随着科学的发展，人类能够探测的宇宙尺度还会增大，我们说得狠一些，就算达到了 $10^{30}$ 米的尺度，那么这之外是什么？就算搞清楚了，那么 $10^{40}$ 米以外是什么？ $10^{50}$ 米以外是什么？

在那么大的尺度（尺度之大远远超出了我们的想象）上会有什么样的物理学定律？是否会有地球一样的星体和文明？

准确地说，从科学上看，我们一无所知。哲学和神学呢？它们都方便得多，一下子就可以达到无限——一个含糊的字眼，一眨眼一转念就可以对宇宙整体做出断言。

在宇宙学问题上，一定得用哲学，但最终不能靠哲学。科学上每提高一个数量级都要付出艰辛劳动，不知道有多少人要不分昼夜地观测几年甚至几十年。而更为常人所不能理解的是，付出了艰苦劳动，还往往一无所获。

近代科学至今，不过三百多年，人类文明少说也有五千多年，相比之下，科学文明刚刚开始。再过三百年，人类会怎样？人类科学会怎样？那时我们的眼界，对了，那时我们早死掉了，肯定会比现在开阔得多。但同样可以肯定的是，那时会有更多的宇宙之谜等待科学家去探索。很不幸的猜测是，知识悖论会持续下去，直到人类灭亡。从终极意义上看，人类活动作为整体是宇宙大舞台中上演的一出微不足道的悲剧，尽管人类很看重这场悲剧。

放开思维之马，你会清楚地晓得，每时每刻宇宙中都有无数的星球毁灭，又有无数新的星体诞生。

人类如今所感觉到的宇宙只是大宇宙中的一个并不算特别的小区域。

从非线性动力学的角度看，我们看到的世界只是大宇宙的线性区。大宇宙一定是非线性的。整个宇宙是非线性动力学的世界，这里有复杂的不稳定性/稳定性运动体制。而我们人类作为整体，就像印度著名的“盲人摸象”故事中的一个盲人，还不是多个盲人，我们有我们的限制，甚至连做第二个盲人的机会也没有。而我们关于整个宇宙的结论，几乎都来自这一个“盲人”的触觉。只要重温盲人摸象的故事，就会更好地理解我们的现状。

## 8.3 红移·哈勃关系·大爆炸?

迎面驶来的火车汽笛声变尖，远去的汽笛声变粗，这差不多是每个人都有过的经验。用科学的语言讲，这叫多普勒效应(Doppler effect)。如果源趋近，则观测到源发射的信号的波长变短，频率变高，这叫蓝移（blue shift)；如果源远去，或叫退去，则观测到源发射的信号的波长变长，频率变低，这叫红移(red shift)。

反过来，测定蓝移、红移的量值，就可以估计源趋近、退行(recession)的速度。

在天文学中，确定遥远星系所采用的最重要的方法就是，测定星光的谱线移动值，具体说来是测定钙元素的两条吸收谱线 H 和 K 的移动。

观测结果出乎意料，仅仅发现最近的几个星系有蓝移，而绝大多数星系都有红移。当然，这其中隐含了一个重要假设：多普勒效应仍然适用于大尺度对象。这是一个无法仔细验证的假设。不过，现在还没有理由否定这一假设。

1914 年，人们就发现 13 个最亮的星系有红移。哈勃(Edwin Hubble)大约在 1920 年利用威尔逊山(Mt. Wilson)天文台 2.5 米反射式望远镜进一步观测多普勒红移现象。到了 1925 年，已发现 45 个星系有红移。1928 年美国物理学家罗伯特逊(H. P. Robertson)发现了更奇特的事实：越远处的星系，红移值越大。

红移对应于远处星系的退行，红移值越大，退行速度越大。这导致 1933 年英国天文学家爱丁顿(A. Eddington)出版题为《膨胀的宇宙》(*The Expanding*

*Universe*)一书。

科学家们发现,红移值与星系离我们的距离成正比,满足线性关系。应当说明的是,只有在星系团的尺度上,才会观测到这种系统性红移,在星系之内小尺度上不存在普遍的星体红移现象。遥远星系的退行准确说应当是“星系互退行”,因为它们不仅仅是相对于我们太阳系在退行,从宇宙中的别处看,星系也在互相退行,即彼此分开。

观测数据表明,星系退行速度随其距离增加而增加,而且满足简单线性的哈勃定律:

$$V=HD$$

其中 $V$ 表示退行速度,$D$ 表示距离,$H$ 为著名的哈勃常数。哈勃定律被称为 20 世纪最伟大的科学发现之一。哈勃常数的精确值一直有争议,大致在下面的范围:

$$H=(77\pm14)[\mathrm{km}][\mathrm{s}]^{-1}[\mathrm{Mpc}]^{-1}$$

$$=(77\pm14)\text{千米/(秒·百万秒差距)}$$

用 $c$ 表示光速,$\delta$表示红移值,可以得到下面的公式:

$$D=\frac{c\delta}{H}$$

上式表明,只要知道红移$\delta$,就可求出距离 $D$。

就这么简单吗?对,就这样。

据此科学家测算出,室女座(Virgo)的一个星系退行速度为 1 180 km/s,距我们 19 Mpc;巨蟹座(Cancer)的一个星系退行速度 4 800 km/s,距我们 70 Mpc;双子座(Gemini)的一个星系退行速度为 23 300 km/s,距我们 290 Mpc;长蛇座(Hydra)的一个星系退行速度竟达 60 600 km/s,距我们 700 Mpc。

发现问题没有?最后一个数值竟然远远超过了光速!实际上不能这样简单地计算,当速度很高时要考虑相对论性效应。

上面提到的哈勃关系 $V=HD$ 是当今天文学中最重要的关系,哈勃常数 $H$ 也是最重要的常数。这之后的几乎所有宇宙模型都与此有关。用哈勃

常数的倒数 $1/H$ 可确定星系的年龄，得出星系年龄以及宇宙的年龄大约在 $1.78 \times 10^{10}$ 年的数量级，通常说宇宙有150亿年历史就是由此得来的。今日已被普遍接受的大爆炸理论（big bang theory）也把哈勃关系作为一个论据，它是勒梅特（G. Lemaitre）、盖莫夫（G. Gamow）、赫尔曼（R. Herman）等人逐渐发展完善的一种令人费解但又只好如此的理论。当然，大爆炸理论还有COBE卫星关于宇宙背景辐射等其他观测证据，COBE是宇宙背景探测器（cosmic back ground explorer）的简称。霍金（S. Hawking）根据大爆炸理论，大胆地思索大爆炸后最初一万亿亿亿亿分之一秒时刻发生的事件！

现在的问题是，哈勃线性关系可靠吗？红移是否一定意味着星系退行？

从现有观测资料看，此线性关系是由天文观测数据统计出来的，比较可靠。但是这并不意味着从更大尺度上看也如此。哈威特（M. Harwit）说过："我们假定红移确实是标志着某种真正的膨胀。这一假定已经在宇宙学中牢固地确立下来，其主要原因是除此一招别无他法。"

第二个问题是，哈勃常数H真的是常数吗？即使是常数，这个常数是否也可以稍稍变化呢？

遗憾的是，这超出了现有的科学。

任何一个人都会提出这样的一系列问题：①宇宙的形状怎样？②它有多大？是否有边界？③它的质量是多少？④它存在了多久？⑤它的化学组成是什么？

现代科学是可以说些什么的，但只能是局部性解答问题。

现在我们利用膨胀模型看看宇宙中物质的创生速率 $\theta$。考虑一个半径为 $r$ 的球，此球半径以一定的比率不断膨胀：

$$\frac{\mathrm{d}r}{\mathrm{d}t}=Hr$$

其中 $t$ 是时间，$H$ 是哈勃常数。可以推出，球体积的膨胀速率为 $4\pi r^3H$。假设膨胀过程中球的密度保持不变，则增加部分的体积就必须用密度为 $\rho_0$ 的物质来填满，所以半径为 $r$ 的球内物质的创生速率为 $3\pi r^3\rho_0$，这个数再除以

球体积，就得到单位体积物质的创生速率为

$$\theta=3H\rho_0\approx10^{-47}\text{克}\cdot\text{厘米}^{-3}\cdot\text{秒}^{-1}$$

这个速率是多少？它相当于每50亿年、每一升体积内大约有一个氢原子诞生，可以想见，现有的任何仪器都无法测出来！

到目前为止，科学家已就宇宙的演化提出了许多可能的模型，如：①稳恒态模型；②爱因斯坦静态模型；③德西特（De Sitter）模型；④爱丁顿模型；⑤勒梅特模型；⑥弗里德曼（A. Friedman）模型，等等。



现在根据非线性动力学，对于宇宙演化，能否设想一种“浑沌模型”？在这种模型中星系的大尺度运动与其他模型的想象都不同，星系和超星系不是永远相互退行，而是有退有进，几个方向退行，几个方向趋近，还可能有的方向保持不变。这正如动力系统李雅普诺夫（A. M. Lyapunov）指数所暗示的，在空间不同方向上，有收缩子空间，有发散子空间和守恒子空间。那么，如何解释系统性的红移呢？我们可以说，对于整个宇宙而言，红移仍然是“小尺度”上的“局部性质”，正如星系以下物质以收缩为主而表现为局部性质一般。在更大的尺度上也许有新的现象，有发散、有收缩等等。这样设想的理由是，宇宙本质上是非线性的，空间不是平直的线性空间，我们目前所了解的天文学可能只局限于线性区。超出线性区，什么奇特的事情都可能发生，而我们并不知道。

## 8.4　逾层分析与社会系统运行

上述的浑沌宇宙模型如果真能成立，则是蛮有趣味的。在古代，我们把宇宙（cosmos）视为浑沌（chaos），也可以说那时的宇宙模型就是“浑沌宇宙模型”。而几千年后，经过近现代科学的洗礼之后，人们又提出了浑沌世界图景，浑沌自然观再次用以指导实践，进而影响人们的科学方法论甚至人生观。

即使在宇宙学上做不到，至少在宏观层次上，浑沌原则是成立的。什么是浑沌原则？就是非还原论的整体性原则。它包括如下三个方面：①强调局部与整体的差异与协同；②强调层次性和动态性；③强调简单与复杂相互贯通、相互生成。严格说三条中无一是全新的，但浑沌理论确实丰富了每一条。

世界很复杂吗？有时很简单，整体真的等于部分的简单加和。世界很简单吗？有时很不简单，整体与各个部分完全是两回事。而科学的方法始终是力求还原，求得层次贯通。这里的“还原”不是还原论意义上的机械还原。为此作者思考，现有的科学似乎缺少什么，能否全方位考虑跨层次的问题，即发展一系列可行的“逾层分析”方法？

从方法论的角度看，科学研究过程可简单地分为两大类：层内（inner-hierarchy）分析和逾层（trans-hierarchy）分析。其中“层”的概念，不但有量的规定性（数学尺度），也有质的规定性（物理意义），这里不详细说。

无疑，在20世纪40年代以前，层内分析占据了绝对支配地位，现在也基本如此，逾层分析在各学科中没有引起普遍重视。但长期以来，人们也不自觉地做了大量准备工作，如统计力学、摄动方法中的“渐近展开匹配方法”和“多重尺度方法”，数学中的高斯－伯内特定理（Gauss-Bonnet theorem）以及现在时髦的“大范围分析”或“整体分析”。高斯－伯内特定理把曲率与欧拉示性数联系在一个公式中，整合了部分与整体，沟通了“柔性”几何与“刚性”几何。陈省身说过，“微分几何的主要问题是整体性的，即研究空间或流形的整个的性质，尤其是局部性质与整体性质的关系。……将来数学研究的对象，必然是流形；传统的实数或复数空间只是局部的情形。”

贝塔朗菲（L.von Bertallanffy）等人提出“一般系统论”以来，对“涌现性”、整体与部分关系的讨论，加强了对逾层分析重要性的认识。

提出“trans-hierarchy”这样一个词，不是故弄玄虚，而只是为了称谓方便。随着复杂性研究的展开，我们越来越清楚地看到，现在已经可以作出适当的总结，针对传统的还原论方法、层内分析方法，提逾层分析，有历史必然性。借此,也有利于看清今后要走的路。

自然科学中逾层分析的成果有助于理解社会复杂系统。后者必须用整体方法。整体方法具体化就是层内分析和逾层分析,否则整体方法就是空话。

总结各学科的过去可以发现,各学科已经积累了一些逾层分析案例、技巧,如概率论、大范围分析、分形迭代、重正化群、分岔理论、浑沌理论、统计力学、元胞自动机、神经网络等。但这些对于解决复杂系统问题还远不够。目前已有人从五个层次考虑,为DNA分子建立非线性动力学模型,迈出可喜的一步,但指望一下子解决问题不现实。关于复杂性的测度方法,现在虽然有许多理论和算法,但局限性十分明显,甚至连"复杂性"的最直观含义也未能考虑进去。社会系统是高度分层的,而且每一层的价值标准、考虑问题的时空尺度不一样。主要是矛盾多,而不是一致性多。个人、集体、国家利益牺牲谁?社会可持续(sustainable)发展的核心问题也许就是如何处理逾层价值的问题。

用逾层分析方法考虑社会、经济系统问题也许会有收获。与研究自然相比,人们公认研究社会较难取得好的结果。任何现成而漂亮的数理方法拿来直接处理社会问题,都会遇到不少麻烦。形势使相当多的人放弃使用数理科学的严格方法。但是应当明确的是,目前形势已在变化,从事社会研究必须借鉴数理科学方法,一大批诺贝尔经济学奖得主都有相当好的数学功底,并且相当多的人是因为发明了独特的数理经济方法获奖的。这就给20世纪末的国人提出了一个转变思维方式的任务。新思维并非要求人人都去摆弄数学公式。借鉴数理科学的成果有两方面的含义,除了学习数学方法外,还有借鉴数理科学的思想、概念和基本结论的重要内容,而后者未必要求有深厚的数学基础,关键看人们有没有一颗开放的心灵。

1984年一伙头带光环的科学界大师在美国成立了圣菲研究所(Santa Fe Institute),创始人包括物理学诺贝尔奖得主盖尔曼(M. Gell-Mann)、安德森(P. Anderson),以及经济学诺贝尔奖得主阿罗(K. Arrow)。其核心成员有人工生命的鼓吹者朗敦（C.G. Langton）、计算机科学家霍兰德（J.H. Holland）、世界级智能大师考夫曼（S.A. Kauffman）、非线性经济学家阿瑟（W.B. Arthur），还有百万富翁兼慈善家索罗斯（G. Soros）。他们研究的新学问叫作复杂性（complexity）科学。在圣菲研究所，经过物理学、分子生物学、非线性动力学、认知科学、计算机模拟以及经济学和社会学等多学科的交叉、碰撞，几年来已形成独具特色的演化经济学学派。圣菲学者最宏大的主张是建立复杂系统的"一元化理论"。他们断言，对于复杂的适应系统（CAS）存在着控制其行为的一般性原理。1995 年《科学美国人》刊登了高级撰稿人霍根（J. Horgan）的专题文章：《复杂性研究的发展趋势：从复杂性到困惑》，一定程度上为圣菲研究所的未来表示了担忧。也许"一元化理论"这种高傲的想法注定要失败，但圣菲学派所提出的思路确实是重要的，代表了科学界的努力方向，其雄心壮志更是非同凡响的。

出于冷静的分析不难想到，圣菲研究所的目标当前难以实现。在浑沌理论之前，曾有一段时间人们十分乐观，但是经过浑沌的洗礼，人们突然发现到处存在复杂系统和复杂性。现在，人们不再想当然地认为自然系统是简单的，同时更加明确地了解到人工系统，诸如社会系统、经济系统、心理系统、认知系统，显而易见比自然系统复杂得多，如果说数理科学发展到现在才进入青年时期，则社会科学只能说刚进入童年。钱学森把社会系统认作开放的、复杂的巨系统，并领导了一个类似圣菲研究所的"系统学"讨论班，力图对这样的复杂巨系统有深刻的认识并找到有效的控制方法。

归纳起来看，社会系统的复杂性主要表现在：①社会系统具有丰富的层次性；②系统要素极多且种类多样；③涉及人的意识或心理活动；④事件发生是不可逆的，不具有时间平移不变性。

研究社会系统首先就遇到一个难以确定其层次属性的问题，其次是怎么处理众多的子系统和要素。自然系统尽管也遇到诸如量子测量等纠缠不清的主客体问题，但那是个别现象，而在社会系统中，主体的介入则是普遍现象，人类至今还没有发明出极完善的处理主体干扰的科学理论。社会研究有客观性吗？这是社会研究方法论中首要的一个问题。最致命的问题还在后面：社会发展到底有没有规律？一种想当然的回答是，难道没有规律吗？任何现象的发生发展都受制于背后的某种规律，只是有时难以觉察到而已。但是这无济于事。在自然科学中，我们所了解的任何一种规律，必定都具有时间平移下的不变性和空间平移下的不变性。也就是说，一种东西若能称得上是规律，则它必定不依赖于时间和地点，在任何时间和任何地点只要前件出现，后件就必定呈现。对此大概不会有异议。但是，社会系统则不然，社会历史现象是高度不可逆的，历史事件永远不出现两次，严格说在社会系统中根本就不存在时间平移下的不变性，空间平移也面临类似的问题。那么社会发展是否还有规律呢？如果有，它是一种什么性质的规律呢？

显然，如果简单地回答说“没有”，那么社会科学就没有理由存在，复杂的社会系统发生发展过程中没有任何“保持不变”的东西，它也确实是不可捉摸的了。然而，事实上不是这样。社会过程中仍然存在丰富的秩序，只要采取合适的方法，同样能得出漂亮的结果。在找到具体的最佳操作办法之前，对于社会复杂系统获得深刻的理解是必要的，这就需要更新我们的思维方式，从最新数理科学中汲取营养，取“他山之石”为我所用。

社会系统要素之间通过竞争与协同作用，形成一定的结构并具有相应的功能状态，这种作用方式或演化过程叫自组织，特点是组织指令在系统自身演化过程中自动形成，来自系统内部。与自组织相对应的过程叫他组织，也称控制，通常称作“组织”，特点是组织指令由高一层次的指挥者统一给出。

任何有限系统的演化过程都是自组织与他组织（控制）的对立统一。世界是自然演化的，在最终意义上一切组织当然都是“自组织”。对于有限过程，必须从自组织与他组织（控制）两个方面考虑问题。自组织与他组织（控制）的关系是：两者有必然的联系，但又各有自己不同的分工；任何他组织都是通过系统自组织完成的，相对而言，自组织从事“执行过程”，而他组织从事“指挥过程”；他组织（控制）为自组织过程提供初始条件和边界条件，更重要的是为自组织提供演化规则（或者叫游戏规则）；自组织是在控制的前提下进行的，在不违背初始条件和边界条件下，在满足演化规则的情况下，努力实现系统的优化运行。他组织为系统演化提供发展方向和宏观目标，自组织过程为他组织自身的进化提供依据。

当前我国进行社会主义市场经济建设，突出的一个问题是处理“市场机制”与国家各层次“宏观调控”的关系。市场机制相当于自组织，宏观调控相当于他组织或控制。两者的关系应遵从上面阐述的一般原则。

现在，既要求有完善的市场机制，也要求有健全的宏观调控体系。我国体制改革的目标是，既要发挥市场经济的优势，又要发挥社会主义制度的优越性，在处理市场机制和宏观调控、当前发展和长远发展、地方利益与国家利益、效率和公平等关系方面，应当有所作为，真正做得比西方国家好，才能表现出改革政策的活力。“政府要适时地从市场机制游刃有余的作用空间中退出来，同时又要在已被证明是‘市场无效’的领域中积极主动地发挥作用”。要清楚的是，市场机制与宏观调控有统一的一面，也有矛盾的一面，如果没有矛盾，那么就不必进行研究和讨论了。而且矛盾有时是很尖锐的。如何处理好这里面的矛盾，是一门大科学，也是一门艺术。所要用到的科学知识和技术主要是系统科学知识和系统分析技术。就目前情况看还没有哪一类学科比系统科学更能胜任处理好当前社会主义改革所面临的重大问题。

关于宏观调控（或者说“计划”）与市场，厉以宁教授有过如下精彩论述，可以把它视为“厉以宁搅拌机模型”。

> 从动态的角度来看待计划与市场之间的关系，那么，把市场作为大型搅拌机和政府作为搅拌机的管理者的假设，看来是长期适用的，即不仅适用于今天，而且适用于今后较长时期；不仅适用于短缺条件下的状况，也适用于市场疲软条件之下的经济现实。

此话是1992年讲的，无疑现在正一步一步得到验证。从数理科学的角度看，厉以宁的观点有充分的根据，它符合近几十年来各种自组织理论一再揭示的系统组织原则。

厉以宁认为，把市场比喻为资源组合的大型搅拌机，搅拌过程就是资源组合的选择过程。政府可在资源供给不足或需求不足的场合，调解资源供给与需求，把有限的资源配置于各个需要资源的领域，把有限的市场配置给各个供给者，在必要的场合，政府也可以直接作为供给者和需求者起作用。政府作为市场的管理者，当然有责任维护市场的秩序，保证市场交易活动的公平、合理。

社会现象纵然异常复杂，但仍要采取一定的手段去处理。首先面临的是从现象中抽象出合适的问题。所谓合适的问题，是指此问题是主要的，而非可考虑又可不考虑的小问题，另一层含义是问题必须是明确的、可解决的。也就是说问题不但重要还应当有现实性。对于社会科学研究，提出合适的问题需要相当的技巧。因此接下去要做的是对现象作"理想化"处理，而理想化过程不仅取决于系统本身的性质，而且决定于所提问题的内容。

对于真实的物理系统和社会系统，严格说不能进行线性与非线性、保守与非保守等划分，只有对抽象的数学模型才能进行这种划分。这里的抽象（数学）模型是我们对真实系统的性质作了一定程度理想化处理的结果。对社会系统按照一定的复杂性进行了必要的分类后，我们总会对其性质取得一些结论，但是应当时刻注意到，我们采用数学工具分析后得到的性质，只直接表征理想化系统的性质，间接表征原始客体的性质。

将模型的性质误当成实在系统的性质是科学工作者经常犯的一个错误。在此问题上，应牢记物理学大师费曼（R. Feynman）的一番话："在我描述自然界如何工作时，你们不懂得自然界为什么这样工作。但是要知道，没人懂得这一点""从常识的观点来看，量子电动力学描述自然的理论是荒唐的。但它与实验非常符合""'这就是自然界的工作方式。这些理论看起来是多么奇妙地相似啊！'虽然他是这么说，但理论的相似并不是因为自然界实际上真的相似，而是因为物理学家只会这么该死地一而再、再而三地以同样的方式想事情”。无疑，费曼以他物理学家的严谨态度强调了思维与存在之间的“鸿沟”。当然，前提是他已经认为思维与存在之间有同一性，否则他做物理学研究也无任何意义。这个鸿沟并不可怕，而且承认这个鸿沟的存在有相当多的好处。科学史上一次又一次显示，许多学者误把思维直接当成存在，从而导致荒谬。人类的认识活动是客观的物质的活动，必有其现实性，但无论如何人是以“模型”来理解世界的。这里的模型不限于数学模型，它可以是各种各样的模型，或者简单或者复杂，可以采用数学也可以不采用数学。

研究物理系统应如此小心，研究社会系统更是如此。原则上对于社会研究采用简单模型还是复杂模型都无所谓，关键看对于所提的问题，你的模型能否解释其中的现象，能否做出符合经验的有效预测。如果采用非常简单的线性模型就可以解决问题，那么绝对没有必要去用复杂的非线性模型。说到底，现实的社会系统既不完全是线性的也不完全是非线性的。或者倒过来，以人们习惯的方式说，“社会系统既是线性的也是非线性的”。可能前一种说法更少引起误解。

时下经常听到强调使用定量方法的呼声，这无疑有道理，但是如果没有真正理解定性与定量的关系，没有把它们与具体问题结合起来，这种呼声是无关宏旨的，甚至是有害的。因为实质上定性与定量本身没有高低贵贱之分，在具体问题中两者总是伴随出现，只有多与少的程度上的差别。最不讲究定量的某某科学，实际上也含有定量内容，只是无用罢了。

对于社会复杂系统的研究，通常只能限于定性阐述，给出的理论也是描述性的。按照马克思的说法，一门科学只有成功地运用了数学，才算成熟。在20世纪中，社会科学，特别是其中的经济学和社会学，大量使用数学，已不满足于定性说明，一股定量化要求席卷全球。这是一种可喜的进步，代表社会科学日趋成熟。但是这话不能说过头。数学不等于定量化，有定量的数学，也有定性的数学。20世纪发展起来许多最优秀的数学是定性的数学，如拓扑学、突变理论、抽象代数、微分方程定性理论等。当然，其中也讲数量关系，但远不如“数学分析”那样“定量化”。这些理论绝不亚于定量的理论，从某种意义上说，更加实用，更能反映事物的本质，或者说得带点悖论性质的话，“定性方法更加定量化”，代替“定性乃定量不足”的是“定量乃定性不足”！

对于许多数理科学问题，只有定性分析是不够的，之后必须完成定量推导、计算。反过来也在理：有时定性分析往往是困难的，一旦做出了合理的定性分析，在一定程度上，定量计算可能就是顺理成章的事。在具体问题研究中，定性与定量是紧密结合的，难以划分清楚哪一步是定性哪一步是定量。最近几十年，定性方法惹人注目，因为它们给出了一些原则性的结果，如KAM定理、图灵（A. M. Turing）停机问题、NP完全性问题、三体问题周期解的存在性与稳定性、三体问题的不可积性、经济均衡的存在性等等。

将数理科学中的科学方法应用到社会问题研究，包括引入定量方法，也包括引入定性方法。社会研究不是一直在使用定性方法吗，为什么还要从数理科学再引入定性方法呢？不错，但它们还有根本的差别。差别在于定性方法有科学与不科学之分，有严格与不严格之分。要引进的是科学的、严格的定性方法。

准确地说，中国当前的社会研究要加强的是严格的理论方法，而“严格的理论方法”这一术语不是指它应该给出所提问题的精确的定量的结果，它可以只给出近似的定量结果（如大于、高于），也可以只给出定性的论断（如可能性、存在性）。对于社会研究引入浑沌动力学思想方法，首先并不在于马上能够得到什么实实在在的数量结果，而在于浑沌理论有丰富的方法学启示，或者说其定性论断是有启发性的。

社会问题研究没有万能的方法，但存在一组或多组不断增多的、可行的、有针对性的方法，它们构成处理社会问题的“工具箱”。只有不断充实此工具箱，才能由此向上提炼高一层次的方法论原则，向下总结推广实用的操作技术诀窍（know-how）。对于新的课题，可以先查找已有的工具箱，如果找不到合适的方法,就要尝试发明新的方法。

## 8.5 浑沌思维及文化抽象继承

何谓浑沌?

科学家说:"浑沌是由确定性规则生成的、对初始条件具有敏感依赖性的回复性非周期运动。"

比较文学家、文化学大师季羡林说:"浑沌是指普遍联系、整体思维。"

作者说:"浑沌之谛在于,聚散有法,不即不离;回复而不闭,周行而不殆。"

问:浑沌是否因其命名增色,进而扰人视听?

答:不错。不过,命名的功劳最多只占百分之十。

问:发现浑沌,利用浑沌,许多难题,包括文化走向问题,都迎刃而解了?

答:这是一种自然的期望,但指望据此万事大吉则不行。说实话,浑沌理论给人类思维方式的冲击是根本性的,还有待进一步领会。

问:那么,知道浑沌和不知道浑沌,有何不同?

答:不知 chaos 时,想象世界到处是 orders。

问:知道了 chaos 呢?

答:发现世界皆浑沌。当然,我的意思不是说,现在没有 orders 了。

问:chaos 有何用,值得一往情深?

答:chaos 的意义在真、善、美三个方面。chaos 之真,是说浑沌理论更接近客观世界。chaos 之美,是指浑沌理论是美的科学,谁不为浑沌图之美所震撼呢?至于善,不同学派有不同的看法。儒学和基督教都曾蔑视、仇恨浑沌。而道家则一向尊崇浑沌,并视其为最高境界。前者的努力方向是 chaos→order,后者的努力方向是 order→chaos,但这都已是过去。

浑沌理论首先是数理科学理论,看来把它应用到其他学科是完全可行的,包括社会学、文学、艺术。吕埃尔和若斯勒就写过一篇论文《浑沌和转型：非平衡理论对社会科学和社会的意义》。一位从事创造学研究的学者罗玲玲则说："创造过程就是浑沌过程。"

完整理解浑沌的意义，势必需要文理交叉。

季羡林先生指出："文理泾渭、楚河汉界的想法和做法已经陈旧了。""最近几十年来兴起了几门新学科。虽然多以自然科学为出发点，但一旦流布，文科的一些学科也都参加进来。我举两个最著名的例子：一个是模糊学，一个是浑沌学。二者原来都属于自然科学，然而其影响所及，早已超出了自然科学的范围。"

浑沌理论与整体思想的确是紧密联系的，西方学者布里格斯和皮特写的《湍鉴》就一再引用中国经典，而且书的副标题就是"浑沌理论与整体性科学导引"，书中深刻批评了西方还原论方法。

> 人类正迅速逼近分岔点。在本世纪里，还原论者的假说把科学家深深地带到了原子世界，在那里他们解放了足以把我们导向毁灭的、可怕的核力。不过，还原论在探究原子的核心时，也启迪了自身的重要洞见，发现了还原论的局限。量子理论的悖论向科学家展示了神秘的"量子整体性"，其中深刻的含义人们才刚刚开始去探索。……年轻的"紊变与整体科学"崛起了，它重新关注事物之间的相互关系，它意识到了自然界本质上的不可预测性以及我们的科学描述的不确定性。
>
> ……
>
> 科学中整体论的冲动也是强大的，它是还原论冲动的镜像。科学家可以探究绝对部分，因为他或她想了解整体内的相互关系。探索神秘事物的需要，常常伴随着获得一种还原论答案的渴望。还原论与整体论之间的差别主要在于注重点不同、态度不同。但是，这种差别最终就是一切。
>
> ……

如果我们真的进入了湍鉴，我们会找到什么呢？显然，没人知道。合作和内在不可预测性的科学观念，可能引导我们接触梦想不到的实在，从事意想不到的活动。甚至有这种可能：这些湍动的新实在将比还原论观点所承诺的科幻小说式未来更富有戏剧性。或者，也许主要通过我们态度的转变，新的实在就将会显露出来。

在中国，一向主张文理交叉的北京大学著名学者季羡林先生，首先从浑沌与模糊等理论中感受到了中、西方文化综合的可能性和必要性。

1995年8月13日，作者给季老打电话，希望请教，季老听说是谈浑沌，又听说作者原来学理，现在学文，他十分高兴，让马上到他家里去。8月20日季老又兴致勃勃地呼作者去他家里，谈了两个多小时。季老就浑沌及人体特异功能等问题讲了很多极有见地的看法。

A(刘)：《读书》杂志社沈昌文先生跟我们提到，您在某个场合曾向青年人推荐，在世纪之交中国人应当阅读“浑沌”方面的书籍。我不知确切情况，特向您请教。

B(季)：我说过模糊学和浑沌学，它们都属于文科和理科的交叉。我看过一个美国记者格雷克写的那本书(指 *Chaos: Making a New Science*)。

A：此书的确很有趣，作为一名记者，写这样的内容是相当难的。

B：浑沌这种思想，不是西方的思想。浑沌理论讲思辨和整体。浑沌书里这样讲，在北京发生的一件事情，可以影响到纽约，不太清楚是什么人先提出来的，我看这就是一种整体性思想。浑沌理论涉及许多自然科学内容，我自己也不一定懂得。

科学方法主要包括分析方法和综合方法。浑沌一讲辩证法，二讲普遍联系和制衡关系，这是站得住脚的。

我现在就感觉到，西方的思想——分析的思想——恐怕已是强弩之末，必须采用浑沌等整体性理论，包括模糊理论。它们跟一个国家的语言有很大关系。中国的语言是世界最好的（伸出大拇指），它不是分析的，要从整体上看才能理解。

A：中国语言和文字非常综合，信息量大。

B：中文是很综合的，含义深刻。比如写一个汉字"我"，没法再分析，要从整体上把握。而一小段中文就能表达很多内容。

A：可从翻译过程中看出中文的简洁性，比如在联合国开会时。

B：对。我以前在翻译局工作过，深有体会。……语言本来就是一种工具，但中国语言是世界上最好的语言。它用最少的力量，得最大的信息，传达的东西较多。我们人与人之间每天必然要互相传递信息，我们中国人为此要付出的努力比西方语言要少百分之多少，我说不出具体数字来。但汉语比起缅甸语来要简洁得多。

A：Chaos一词译成中文，科学家用"混沌"的较多，但从哲学角度看，或许用"浑沌"更好些。您能否从文化学的视角说说研究浑沌的意义。

B：《庄子》就用"浑沌"。现在到了应用整体性思维的时候了，起码倾向是这样。除了用分析方法，还应当用整体方法，西方学者以前不注重后者。搞自然科学的不一定同意中、西方都走到整体性方法上来。现在研究浑沌需要文理交叉，有自然科学基础太好了。我个人平时很注意科学动态，早年我在德国柏林留学时还专门听过普朗克（M. K. E. L.Planck）的演讲，那可能是他作最后一次学术报告了。

A：看来东、西方思想最终是不可分的。

B：这还不是不可分的问题。这跟跑400米接力一样，我们东方先跑过100米，然后就把棒交给西方，西方又跑了100米，现在第三个100米又该我们跑了，最终是把400米跑完。这其中哪一个也不能缺，一分一厘也不能少，而且今天跑这100米，原来跑的100米基础还在，而不是推倒重建。

21世纪，我就感到东方文化要出现辉煌，我的意思不是把西方的文明抹杀了，那是不可能的。

绝对真理是达不到的，只是在上帝那儿才有绝对真理。相对真理有两个方面：东方和西方。两者都接近真理。人类寻求真理过程中走了两条道路，一条是西方的路，另一条是东方的路。两条路不是互相矛盾的，而是互相补充的。

现在为什么讲浑沌、讲模糊数学？我就感觉他们西方的“一分为二”方法有局限性。咱们的方法比较直观，中华民族不讲究分析，也不是一点不讲究。比如说数学，数学是放之四海而皆准的。吴文俊为《九章算术注》写过序，后来又有人写文章介绍他。他当然不管模糊和浑沌，作为一个知名数学家，他受过西方数学训练，但他也受中国刘徽《九章算术注》启发，他就感觉中国的数学与西方的不一样。我看过他写的序，又推荐别人看。

A：以机械化为特征的中国传统数学如今已令世界刮目相看。吴文俊院士认为，由于计算机的出现，其所需的数学的方式方法，正与《九章》传统的算法体系符合。他认为《九章》所蕴含的思想的影响，必将日益显著，“在下一世纪中凌驾于《原本》思想体系之上，不仅不无可能，甚至说是殆成定局”。

B：我不懂数学，我的意思是，东方与西方接近真理的方式不一样，两个互补。

21世纪是东方人的世纪、中国人的世纪，中华古老文明将大放异彩。

作为一个中国人来说，再也没有比听到这话更振奋的了。然而，希望归希望。只有正视东方文明的弱点，揭露其腐朽性、保守性，我们的民族才能不断进步，才能以崭新的面貌屹立于世界民族之林。所以在这里还有必要领教一下顾准手术刀解剖的滋味。

中国的传统思想，没有产生出科学与民主。如果探索一下中国文化的渊源与根据，也可以断定，中国产生不出科学与民主来。不仅如此，直到现在，中国人传统思想还是中国人身上的历史重担。现在人们提倡读点历史,似乎更着重读中国史。而且古代文物成为悠久文明的证据和夸耀,无论自觉还是不自觉,这种"读史",其意图在于仰仗我们祖先的光荣历史来窒息科学与民主。

……

中国,除了伦常礼教,没有学问,专心知识、探究宇宙秘密不是出路,要逃避王权,只好走老庄禅佛一路。所以,明末传教士带来《圣经》《名理探》《几何原本》和历法的时候,徐光启皈依了基督教。可惜传统的重压太深,徐光启不为人们理解,而顾炎武等人还逃不出宋明理学的窠臼,悲夫!

中国只有道德训条。中国没有逻辑学,没有哲学。有《周髀算经》,然而登不上台盘。

……

中国有原始的辩证法,然而中国人太聪明,懒得穷根究底,所以发展不出什么有系统的辩证法来。

顾准说得不对吗?

你没法反驳。中国的过去难道不是这样吗?孔孟的虚伪、庄禅的高傲是人们所渴望的吗?满口的仁义道德以及无奈的清高,如何也不是21世纪中国人所需要的。时下,人文精神与科学精神的争论是多余的、误入歧途的。两者从来是结合的,而有人偏偏设下逻辑选择误区,让你选择其一,更甚者是诱导人们、让人们感觉一个高于另一个,而其中的一个是我们祖宗传下来的!

但是,中国文化是丰富的,对,丰富的!剪不断、理还乱的中国文化提供了选择的可能性,正如浑沌。

我们可以曲解福特说过的一段话:"浑沌能为我们展示一种令人兴奋的艺术多样性,提供选择的丰富性,提供一种机遇的希腊羊角。我们可敢希望避免浑沌之破坏性而收获其丰富性?这里不存在选择。"

图 8-3　爱因斯坦坚持认为，上帝并不与宇宙掷骰子。“上帝精明，但无恶意。”

是的，不存在选择。国门一旦打开，中西文明注定要融合。主动与被动，结果是一样的，只是时间问题。

与其如此，还不如更主动一些、积极一些。

如何积极主动？那就是充分利用连续、丰富的古代文明素材，“抽象继承”其合理内容。何为抽象继承？即抽掉原始素材赖以存在的当时的阶级基础和政治、伦理背景，保留其丰富性。在此基础上，将之与世界先进的大众文化融合起来，摒弃狭隘的民族偏见，以宽广的胸怀，以全球的眼光吸收世界所有民族的优秀文化。

图 8-4　国际象棋对局。请为执白的艾丽丝寻找一个合适的着法。选对了就一定能赢吗？不一定。但选错了，准输

话可能说重了。

为转移视线，最后请读者做两件事。第一，思索爱因斯坦的信条：上帝并不与宇宙掷骰子。世界是决定论的还是概率论的？对中国人来说，这也许太无聊了。不过，请

试试。

第二，请看爱丽丝与魔鬼的一盘对局[①]。爱丽丝执白，现在轮到她走棋了。替她想想，她该走哪只“车”？注意，这里有“蝴蝶效应”！

①其实，这是比尔耐与费希尔1963年的一次真实对局，比尔耐执白，轮到他走，他走错了，因而输了。

# 主要参考文献


## 引言：从《侏罗纪公园》说起

[1]M. Crichton. 侏罗纪公园. 文彬彬，译. 北京：北京科学技术出版社，1994：77，79-81，176-177，193.

[2]卢燕. 遗传工程的神话、史前生物的奇迹——侏罗纪公园. 环球银幕画刊，1994(1)：22-23.

## 第1章　中央之帝为浑沌

[1]马林诺夫斯基. 巫术·科学·宗教与神话. 李安宅，译. 北京：中国民间文艺出版社，1986.

[2]卡西尔. 神话思维. 黄龙保等，译. 北京：中国社会科学出版社，1992：27-28，75-76.

[3]崔大华. 庄子歧解. 郑州：中州古籍出版社，1988：300.

[4]庄子集解. 郭庆藩，王孝鱼点校. 北京：中华书局，1989.

[5]蔡明田. 论庄子的浑沌寓言. 哲学研究(第4辑)//台湾及海外中文报刊资料专辑. 北京：书目文献出版社，1987：27-30. 原载：东方杂志(台)，1985，18(11).

[6]苗东升，刘华杰. 浑沌学纵横论. 北京：中国人民大学出版社，1993.

[7]木水共编. 走向混沌. 北京：胶印本资料，1995.

[8]蔡志忠.庄子说Ⅱ.北京:生活·读书·新知三联书店,1990:12.
[9]金奕."巨片"的疑惑.北京日报,1995-12-31(2).
[10]陈鼓应.庄子今注今译.北京:中华书局,1988:228-229,302-303.
[11]庞朴.黄帝与混沌.文汇报,1992-3-10.

## 第2章　爱丽丝请教矮梯胖梯



[1]海德格尔,诗·语言·思.彭富春译.北京:文化艺术出版社,1991:26.
[2]卡罗尔.爱丽思镜中奇遇记.许季鸿,译.北京:中国对外翻译出版公司,1994,34:182.
[3]刘华杰.混沌概念辨析.百科知识,1992(5):56-57.
[4]郑逸梅.艺林散叶荟编.北京:中华书局,1995:266.
[5]《水浒全传》上册.上海:上海人民出版,1975:286-287,289-290.
[6]莫言,见:吴亮,章平,宋仁发编.魔幻现实小说.长春:时代文艺出版社,1988.
[7]J. Gould. Sins. Futura publications, 1982: 315.
[8]D. H. Lawrence. The Princess, Penguin Books, 1971:116.
[9]罗宾斯.普通语言学概论.李振麟等,译.上海:上海译文出版社,1986:31.
[10]李约瑟.中国古代科学思想史.陈立夫,译.南昌:江西人民出版社,1990:94.另见:科学出版社,上海古籍出版社版:中国科学技术史,第二卷,科学思想史.88.
[11]汉语大字典(缩印本).约1993年(书上未印版权页).656,1854.

## 第3章　与天气斗法

[1]I. Stewart. Nature's Numbers. John Brockman Associates, Inc. 1995. 中译本已由潘涛译出,即将由上海科学技术出版社出版,本书参考了译者的手稿.

[2] E. N. Lorenz. Deterministic Nonperiodic Flow. J. Atmos. *Sci*. Vol. 20, 1963: pp. 130−41.

[3] 江洪. 跑在天气变化的前边——我国气象通信发展简介. 人民日报, 1994−2−25.

[4] 刘华杰. 玻恩和布里渊论经典力学的不确定性. 世界科学, 1993(6): 57−58.

[5] 卢侃, 孙建华. 混沌学传奇. 上海: 上海翻译出版公司, 1991: 14−102.

[6] 刘媛. 气象部门汛期服务效益突出. 科技日报, 1995−12−13(1).

[7] 斯图尔特. 上帝掷骰子吗? ——混沌之数学. 潘涛译. 上海: 上海远东出版社, 1995.

[8] 老亮. 我国古代早就有了力和变形成正比关系的记载. 力学与实践, 1987(1): 61−62.(感谢朱照宣告知此文献.)

## 第4章 振动的世界

[1] 杨希曾. 物理学小词典. 石家庄: 河北教育出版社, 1987: 300−301.

[2] 胡仁芝, 朱尔恭. 物理学基础(上册). 北京: 中国人民大学出版社, 1985: 138.

[3] 中国大百科全书·力学卷. 北京: 中国大百科全书出版社, 1985: 575.

[4] 克莱因, 古今数学思想, 第二册. 北京大学数学系数学史翻译组, 译. 上海: 上海科学技术出版社, 1988.

[5] 李允武, 丁东. 声音. 北京: 科学出版社, 1981.

[6] 科留金, 奇异的声世界. 任志英、程凤阁译. 北京: 国防工业出版社, 1983.

[7] 杨金法, 王以孝. 非线性电子线路. 合肥: 中国科学技术大学出版社, 1993.

[8] 钱祖文. 非线性声学. 北京: 科学出版社, 1992.

[9] 基特尔. 伯克利物理学教程, 第一卷, 力学. 陈秉乾等, 译. 北京: 科学出版社, 1979.

[10] 翁文波. 预测论基础. 北京: 石油工业出版社, 1984.

[11] 赵凯华等. 非线性物理导论(初稿), 第2章"振动". 北京大学非线性

科学中心,1992.

[12]詹姆斯·乔伊斯.土地和空气中的琴弦.傅浩,译.外国文学.1995(4):103.

[13]魏能润.耳鼻咽喉科学.北京:人民卫生出版社,1986.

[14]谷超豪,等.数学物理方程.北京:人民教育出版社,1980.

[15]戴念祖.中国声学史.石家庄:河北教育出版社,1994:78-117.

## 第5章　耦合创造节律

[1]谈祥柏.法里数列.科学.1995(6):57-58.

[2]亨斯贝尔格.数学中的智巧.李忠,译.北京:北京大学出版社,1985:25-39.

[3]A. V. Holden ed. Chaos, Manchester University Press, 1986.

[4]Per Bak,姚景齐,译,秦孟兆,校.魔鬼阶梯.数学译林,1989(3):186-195.

[5]阿诺尔德.经典力学的数学方法.齐民友,译.北京:高等教育出版社,1992:115-125.

[6]M. Marek and I. Schreiber. Chaotic Behaviour of Deter-ministic Dissipative Systems. Cambridge University Ptess, 1991: pp. 81-90.

[7]Hao Bai-lin. Elementary Symbolic Dynamics and Chaos inDissipative Systems. World Scientific, 1989: pp. 206-239.

[8]格拉斯,麦基.从摆钟到混沌——生命的节律.潘涛等,译.上海:上海远东出版社,1994.

[9]斯图尔特.上帝掷骰子吗——混沌之数学.潘涛,译.上海:上海远东出版社,1995.

[10]J. M. T. Thompson and H. B. Stewart. Nonlinear Dynamics and Chaos. John Wiley and Sons, 1986: pp. 284-288.

[11]朱照宣.滴水龙头:非线性物理导论(初稿),第2章第7节.北京大学非线性科学中心,1992:39-41.

[12]刘秉正.非线性动力学与混沌基础.长春:东北师范大学出版社,1994:

204-210.

[13] 奥尔德斯. 连分数. 张顺燕, 译. 北京: 北京大学出版社 1985 年.

[14] T. Erber, P. Johnson, and P. Everett. Cebysev Mixing and Harmonic Oscillator Models, Physics Letters, Vol. 85A, No. 2, pp. 61-63.

[15] 普列汉诺夫. 论个人在历史上的作用问题. 北京: 生活·读书·新知三联书店, 1965:26.

[16] 哈肯. 协同学: 大自然构成的奥秘. 凌复华, 译. 上海: 上海译文出版社, 1995.

[17] 郝柏林. 分岔、混沌、奇怪吸引子、湍流及其他——关于确定论系统中的内在随机性. 物理学进展. 1983(9).

## 第 6 章　非线性麻雀

[1] T. Y. Li and J. A. Yorke. Period Three Implies Chaos, Amer. Math. Monthly, Vol. 82, 1975, pp. 985-992. 中译文见. 数学译林, 1989, (3): 211-222.

[2] 朱照宣. 浑沌(非线性力学讲义第五章). 1984. 1987 年重印. 油印本.

[3] 朱照宣. 非线性动力学中的浑沌. 力学进展. 1984(2): 129-146.

[4] 熊金诚. 线段映射的动力体系. 数学进展. 1988(1): 1-10.

[5] P. Collet and J. P. Eckmann. Iterated Maps on the Intervalas Dynamical Systems, Birkhäuser, 1980.

[6] Hao Bailin. Elementary Symbolic Dynamics, World Scientific, 1989.

[7] 刘华杰. 浑沌语义与哲学. 博士论文.

[8] J. M. T. Thompson and H. B. Stewart. Nonlinear Dyanamics and Chaos, John Wiley and Sons, 1986.

[9] 苗东升. 系统科学原理. 北京: 中国人民大学出版社, 1990.

[10] H. O. Schuster. 混沌学引论. 成都: 四川教育出版社, 1994.

[11] A. V. Holden, ed. Chaos, Manchester University Press, 1986.

## 第7章　从流到映射

[1]穆勒(J.S. Mill). 穆勒名学(Logic). 严复,译. 北京:商务印书馆,1981:325.

[2]M. Hénon. Numerical Exploration of Hamiltonian Systems. In Chaotic Behaviour of Deterministic Systems, G. Iooss, R.H.G. Helleman and R. Stora, eds., NorthHolland Publishing Co., 1983: pp. 55-170.

[3]H. A. Lauwerier. Two-dimensional Iterative Maps. In Chaos, A. V. Holden, ed., Manchester University Press, 1986: pp. 58-95.

[4]朱照宣. 浑沌. 北京大学力学系讲义. 1984.

[5]转引自:经典力学的数学方法. 阿诺尔德著,齐民友译. 北京:高等教育出版社,1992:421.

[6]刘华杰. 通过微机作图理解混沌运动. 科学中国人. 1995,(6):39−42.

[7]J. Guckenheimer and P. Holmes. Nonlinear Oscillations, Dynamical Systems, and Bifurcations of Vector Fiels, Springer-Verlag, 1983: pp. 156−165; 305.

[8]J. H. Hubbard and B. H. West, Differential Equations: A Dynamical Systems Approach, Part Ⅰ. Springer-Verlag, 1991, Preface; Chapter 1.

[9]张景中,熊金诚. 函数迭代与一维动力系统. 成都:四川教育出版社,1992.

## 第8章　人在宇宙中

[1]帕斯卡. 思想录. 何兆武,译. 北京:商务印书馆,1985:6.

[2]阿诺尔德. 突变理论. 周燕华,译,朱照宣,校. 北京:高等教育出版社,1990:83.

[3]陈康. 哲学自身的问题.//陈康. 论希腊哲学. 北京:商务印书馆,1990:478−491.

[4]Werner Heisenberg. Nonlinear Problems in Physics, Physics Today, Vol. 20, No. 5, 1967: pp. 27−33. 译文见:走向混沌. 刘华杰译,潘涛校.

[5] W. K. Hartmann. Astronomy: The Cosmic Journey, Wadsworth Publishing Co., 1987.
[6] 巴罗.宇宙的起源.卞毓麟,译.上海:上海科学技术出版社,1995.
[7] 哈威特.天体物理学概念.万籁等,译.北京:科学出版社,1981.
[8] 周体健.基础天文学教程,第二册.北京大学地球物理系天体物理专业教材.1983.
[9] Victor Szebehely. New Nondeterministic Celestial Mechanics. In Space and Celestial Mechanics, K.B. Bhatnagar ed., D. ReidelPublishingCo., 1986: pp. 3−14.
[10] Hao Bailin. Chaos and Physics, In The Impact of Chaos on Science and Society, Tokyo, April 15−17. 1991: pp.43−53.
[11] 安德罗诺夫等.振动理论,序言.(上、下册).北京:科学出版社,1981.(感谢朱照宣推荐此书.)
[12] 厉以宁.中国经济改革与股份制.北京:北京大学出版社、香港文化教育出版社,1992:81−104.
[13] S. Smale. The Mathematics of Time, Springer−Verlag, 1980.
[14] 高铁生.正确处理市场机制与宏观调控的关系.光明日报,1995−11−5.
[15] E. E. Peters. A Chaotic Attractor for the S&P 500, Financial Analysts, Journal, March/April, 1991.
[16] D. A. Hsieh. Chaos and Nonlinear Dynamics, Application to Financial Markets, The Journal of Finance, Vo1.46, No. 5, December 1991.
[17] H. Haken. Synergetics: An Introduction, Third Revised and Enlarged Edition, Springer-Verlag, 1983. Preface to the First Edition. 中译本译自第二版:徐锡申等译.协同学引论.北京:原子能出版社,1984.
[18] 就"时间序列与太阳黑子活动"与洪时中先生的私人通信,1996年2月.
[19] R.费曼.QED:光和物质的奇异性(准确说,书名应当译为"QED:光和物质的奇异性理论").北京:商务印书馆,1994:8−9,139−140,165.

[20] 谢金蓉. 圣菲研究院里的科学革命. 编译参考. 1995(6):43-44.

[21] 季羡林. 跨世纪的中国人该读什么书? 中华读书报. 1995-5-17. 另见. 新华文摘,1995,(8):209-210.

[22] 王渝生. 中国传统数学的复兴——机械化数学的新曙光. 科学中国人,1995(3):31-32.

[23] 罗依等. 混沌和转型:非平衡理论对社会科学和社会的意义. 张武军等译. 国外社会学. 1994(1):55-64. 感谢韩育红代为复制此文献.

[24] 顾准. 顾准文集. 贵阳:贵州人民出版社,1994:348-353.

[25] 陈省身. 微分几何的过去与未来. //陈省身,陈维桓. 微分几何讲义. 北京:北京大学出版社,1983.

[26] 乔伊斯. 当那颗羞涩的星像处女一般. 傅浩,译. 外国文学. 1995(4):103.

[27] 沃德罗普. 复杂——走在秩序与混沌边缘(Complexity:the Emerging Science at the Edge of Order and Chaos). 齐若兰,译. 台湾:天下文化出版公司,1995.

[28] 作者就浑沌学、思维方式访季羡林先生的访谈录音,未发表,1995.

[29] 芜之. 文化气象、般若弘如——著名学者季羡林访谈印象. 方法. 1996(1):29-31.

# 后　记

本想多叙述些浑沌，并且尽量不用公式，据说公式能吓跑读者，看来没有做到。这里结合大量计算机图形介绍了一维映射并粗略介绍了二维映射的部分内容。书中讲了一些基本知识，但更重要的是提出了值得思索的问题，读者只要思考了，作者就算完成任务。书中提到了许多人物，并尽力加注了原文名字；也提到了少量文献，让有兴趣的读者容易找到进一步的材料。有部难得的好书，在此愿意推荐给读者：John Briggs 和 F. David Peat 合著的《湍鉴——浑沌理论与整体性科学导引》（即将由商务印书馆出版，刘华杰、潘涛译，朱照宣校）。写本书时，近水楼台，先睹了潘涛翻译但尚未出版的手稿：Ian Stewart 的另一部杰作《自然之数》。初稿完成后，请朱照宣先生审读一遍，帮助排除了不少错误，剩下的谬误则由作者负责。

北京大学科学与社会研究中心、北京大学非线性科学中心各位师友为我从事非线性科学和方法论有关研究提供了方便，在此表示感谢。

本书涉及学科较多，作者斗胆放言，肯定有相当多的不妥之处。这不是时间紧而是作者学识有限之故，恳请批评。

刘华杰

1996 年于北京大学 26 号楼